省级精品课程教材

省级一流课程建设教材

“互联网+”新形态立体化教学资源特色教材

绿色装饰材料与构造设计

汤留泉 编著

GREEN DECORATIVE MATERIALS & STRUCTURAL DESIGN

中国轻工业出版社

图书在版编目（CIP）数据

绿色装饰材料与构造设计 / 汤留泉编著. —北京：中国轻工业出版社，2023.9

ISBN 978-7-5184-4452-6

Ⅰ. ①绿… Ⅱ. ①汤… Ⅲ. ①建筑材料—装饰材料—无污染技术 Ⅳ. ①TU56

中国国家版本馆CIP数据核字（2023）第103104号

责任编辑：王 淳

文字编辑：朱利利　　责任终审：李建华　　整体设计：锋尚设计

策划编辑：王 淳 刘忠波　　责任校对：吴大朋　　责任监印：张京华

出版发行：中国轻工业出版社（北京东长安街6号，邮编：100740）

印　　刷：艺堂印刷（天津）有限公司

经　　销：各地新华书店

版　　次：2023年9月第1版第1次印刷

开　　本：870×1140　1/16　印张：8.75

字　　数：250千字

书　　号：ISBN 978-7-5184-4452-6　定价：58.00元

邮购电话：010-65241695

发行电话：010-85119835　传真：85113293

网　　址：http://www.chlip.com.cn

Email：club@chlip.com.cn

如发现图书残缺请与我社邮购联系调换

230201J2X101ZBW

前言

在党的二十大精神和绿色环保政策的发展格局下，我国国民生活水平不断提高，人们对装饰装修环境的要求也越来越高，从重视装修质量逐步过渡到重视绿色环保，减少或杜绝装修污染。因此，选用绿色装饰材料是我们在学习、工作中贯彻执行二十大精神的重要环节。

装饰装修中存在污染是因为在施工中使用了含有氡、甲醛、苯、氨和挥发性有机化合物等物质的装饰材料。这些材料不利于人体健康。在装修施工过程中不仅会产生各种粉尘、废弃物污染，还会在装修施工后，因产生挥发性有机化合物影响到我们的生活。

装修污染来源很多，其中有相当一部分是使用不当材料造成的。因此，应尽量选择绿色环保材料。但是现代装饰材料品种丰富多样，同一种材料会有多种细分产品。所以，我们应该熟悉装饰材料的名称、特性、用途、规格、价格，深入学习材料的绿色环保性能，根据需要选择绿色材料，避免使用不适合的材料而影响施工质量。我们学习装饰材料知识后，才能鉴别这些材料是否为绿色产品，让设计与施工的安全性更高。

在学习绿色装饰材料与构造设计时，要从整体上把握设计对象的以下几项要素：

（1）

使用性质　了解建筑物和室内外空间的主要用途，选择对应的绿色装饰材料。

（2）

所在环境　了解建筑物和室内外空间的周围环境状况，选择合适的构造设计形式。

（3）

经济投入　了解工程项目的总投资和造价标准，综合考虑材料与构造的成本。

在设计构思时，需要运用物质技术手段，遵循建筑美学原理。在保障绿色环保的同时，综合考虑使用功能、结构施工、材料设备、造价标准等多种因素。绿色装饰材料要满足人们的生理、心理等需求，综合处理人与环境、人际交往等多项关系。在满足为人服务的前提下，综合解决使用功能、经济效益、舒适美观、环境氛围等多种要求。

学习绿色装饰材料与构造设计，需要我们从周边生活入手。首先，了解我们所处的生活环境，尤其是室内外空间环境，关注装饰材料的材质特性、色彩搭配、节点构造选用等细节。然后，感受空间氛围，了解材料在空间中的功能组合，注入人体工程学、采光照明等知识，深入分析室内设计材料与工艺的内涵。最后，通过长期积累，快速掌握绿色材料与构造特点，进入真实的装修实施状态。

现代材料与工艺在不断更新变化，早些年流行的胶合板和木芯板逐渐转化为纤维板或实木板，钉、胶接合工艺逐渐转化为成品连接件，在表现现代设计风格的同时，还能提高操作效率。对材料的运用不能一成不变，创新的绿色材料与构造设计还需要通过新型设备来加工，手工锯、铁锤也逐渐让位于切割机、射钉枪等电气工具。要在理论学习中了解这些不断变化的知识体系，非常不易。本书编写正是针对这种现状，全面概括了材料与工艺手法，系统介绍了室内设计材料与工艺，将实践经验直观地奉献给广大读者。

本书著写历时六年，总结了近20年来完成的65项大型公共空间室内工程与270多项住宅室内工程经验，搜集各类装饰材料样本1800余件，将一线室内装饰装修设计施工经验汇集在这本书中，献予读者，望继续推动绿色装饰材料与装修行业的发展。本书内容如有勘误，欢迎大家批评指正，邮箱：308950418@qq.com，微信：whcdgr。本书为湖北工业大学本科教材建设立项资助出版项目。

编著者

目录

第一章

装饰材料与构造中的污染

识读难度： ★★☆☆☆

核心概念： 污染、危害、来源

章节导读

改革开放以来，中国经济飞速增长，中国人民生活水平不断提高，人们开始密切关注生活环境与自身健康状况。装饰材料发展迅速，室内外环境污染愈发严重。室内环境（图1-1）对人的身体与心理健康都会产生巨大影响。

图1-1　室内环境

第一节 认识环境污染

空气污染是指在封闭空间内，空气中存在对人体健康有危害的物质，且浓度已经超过国家标准，能对人体健康造成伤害，此类现象总称为室内空气污染。造成空气污染的有害物质多种多样，主要有甲醛、苯、氨、放射性氡等，这些物质会对人体产生巨大影响，通常会产生亚健康反应，严重时甚至威胁到生命安全。

一、甲醛

装饰材料中的甲醛（CH_2O）来源主要为胶合板、细木工板、中密度纤维板和刨花板等人造板材。生产人造板所使用的胶粘剂中含有甲醛，板材中残留的和未参与反应的甲醛会逐渐向周围环境释放。含有甲醛成分并有可能向外界散发的其他各类装饰材料还有不少，如墙布墙纸、化纤地毯、涂料等。通常情况下，甲醛的释放期可达3~15年之久。

甲醛被广泛应用于纺织工业中，窗帘中的甲醛主要来自保持面料颜色鲜艳的染料和助剂产品，以及印花过程中使用的黏合剂。因此，浓艳和印花的窗帘一般甲醛含量偏高，而素色和无印花图案甲醛含量则较低。含有甲醛的服装、窗帘等产品在储存、使用过程中都会释放出甲醛。

甲醛是室内环境中最主要的污染源，对人体的危害也最大。甲醛在我国有毒化学品优先控制名单上位居第二，仅次于被称为“世纪之毒”的二噁英。甲醛早已经被世界卫生组织确定为致癌和致畸形物质，是各国公认的变态反应源，也是潜在的强致基因突变物之一。

补充要点

涂料、胶粘剂

甲醛是良好的有机溶剂，主要存在于涂料、板材、胶粘剂中。甲醛价格便宜，制取容易，涂料中的酯胶、酚醛等物质易溶于甲醛溶剂中。人造板材以木材或其他非木材植物为原料，经机械加工分离后，施加胶粘剂制成。人造板材中的甲醛来源于胶粘剂。

胶粘剂中的有害物质主要为挥发性有机化合物、苯、甲苯、二甲苯、甲醛、游离甲苯二异氰酸酯等。

二、苯及苯系物

苯（C_6H_6）及苯系物的来源非常广泛，如装饰材料中的有机化合物溶剂、涂料的添加剂、日常生活中常见的胶粘剂、人造材板家具（图1-2）、汽车尾气等都是苯及苯系物的污染来源。

苯、甲苯和二甲苯以蒸气状态存在于空气中，不容易被人察觉。人体中毒是由于吸入这类的蒸气或皮肤接触所致。

人在短时间内吸入高浓度的甲苯、二甲苯时，可出现中枢神经系统麻痹现象，轻者头晕、头痛、恶心、胸闷、乏力、意识模糊，严重可致昏迷以致呼吸、循环衰竭而死亡。如果长期接触一定浓度的甲苯、二甲苯，会引起慢性中毒，可出现头痛、失眠、精神萎靡、记忆力减退等神经衰弱样症候群。甚至破坏人体造血功能，可发生致命的颗粒性白细胞消失症，并引起白血病。

图1-2　涂料覆盖的木家具

含有苯、甲苯或二甲苯溶剂的涂料很多，如硝基涂料、聚氨酯涂料、丙烯酸木器涂料、酚醛涂料等。木家具表面涂刷的涂料中含有苯及苯系物。

三、挥发性有机化合物

挥发性有机化合物（TVOC）的室内来源主要是天然气、煤炭燃烧。此外，还包括吸烟、烹饪、采暖等产生的烟雾，装饰材料、家用电器、家具、清洁剂和人的身体本身的排放等。挥发性有机化合物污染的种类有很多，可以按污染源的性质进行分类（表1-1）。

在目前已确认的900多种室内化学物质和生物性物质中，挥发性有机化合物至少有350种，其中20多种为致癌物或致突变物。它们单独的浓度低，种类多，当若干种挥发性有机化合物共同存在于室内时，其联合毒性是不容忽视的。

当挥发性有机化合物的浓度在0.188mg/m^{3}时，会导致人晕眩和昏睡；当挥发性有机化合物的浓度在35mg/m^{3}时，可能会导致人昏迷、抽筋，甚至死亡。多种挥发性有机化合物的混合存在具有协同作用，使其危害强度增大，整体暴露后，对人体健康的危害更加严重。

表1-1　按污染源性质分类

序号	名称	主要承载物	图例	内容
1	室外工业气体	雾霾		室外工业气体所指的范围较大，工业生产活动或各种机械散发出来的气体统称为室外工业气体
2	纤维材料	窗帘		天然纤维材料或合成纤维制作而成的材料，通常情况下可以制作地毯、化纤窗帘、挂毯等
3	室内装饰材料	涂料		室内装饰材料容易挥发气味，其中包括墙体涂料、壁纸、易产生挥发性气味的壁画等
4	建筑材料	人造板		建筑材料容易挥发气味，其中包括建筑室内外使用的涂料、塑料板材、泡沫隔热材料、人造板材等

图1-3　卧室摆放过多植物

大部分植物在进行光合作用时会吸收二氧化碳排出氧气，但是夜间植物无法进行光合作用时，就会吸收氧气排出二氧化碳，所以最好不要在卧室摆放过多植物。

四、二氧化碳

二氧化碳（CO_2）是各种含碳化合物燃烧时的最终产物。例如，工业生产或生活燃烧的煤炭、燃气都能造成室内与大气中二氧化碳含量升高。

二氧化碳属呼吸中枢兴奋剂，对呼吸中枢有一定的兴奋作用。二氧化碳密度较空气大，当二氧化碳含量较少时对人体无危害，但其浓度超过一定限制时，能抑制呼吸中枢，严重时还可能致人麻痹，原因是血液中的碳酸浓度增大，酸性增强并产生酸中毒（图1-3）。

空气中二氧化碳的体积分数为1%时，人会感到气闷、头昏、心悸；空气中二氧化碳的体积分数为4%～5%时，人会出现眩晕、眼睛模糊等症状；空气中二氧化碳的体积分数为6%以上时，会使人神志不清、呼吸逐渐停止以致死亡；空气中二氧化碳的体积分数达到10%时，就会使人呼吸逐渐停止，直至窒息死亡。

五、一氧化碳

室内烹饪、燃气热水器或采暖锅炉、木炭燃烧等会产生一氧化碳（CO）。一氧化碳对人体的危害，主要取决于空气中一氧化碳的浓度和接触时间。浓度越高、接触时间越长，血液中的碳氧血红蛋白含量就越高，中毒就越严重。

补充要点

二氧化碳在室内的产生

二氧化碳是人体新陈代谢的产物，当人在夜间入睡时，会排出大量二氧化碳，一夜过去之后，整个室内空气中二氧化碳的含量是室外的5～6倍。如果是多人住在一室，一夜之后室内的二氧化碳的含量会更高，在这种情况下如果不及时通风，二氧化碳就会使人疲倦和烦躁。在二氧化碳的释放规律上，有些植物则相反。如仙人掌就是白天释放二氧化碳，夜间则吸收二氧化碳，释放氧气，这样晚上卧室内放有仙人掌，就可补充氧气，利于睡眠。

六、臭氧

臭氧（O_3）又称为超氧，是室内空气中的一种氧化型污染物。复印机、激光打印机、电视机、负离子发生器、电子消毒柜、紫外线灯等设备在使用的过程中，会产生一定量的臭氧。当空气中臭氧浓度相对较高时，可引起鼻和喉头黏膜刺激。

七、氨

室内空气中氨（NH_3）的主要来源是胶粘剂，家具中木质板材中含有大量胶粘剂，它们在室内高温下会释放出气态的甲醛和氨。我国北方冬季十分寒冷，必须在混凝土墙体中加入氨水作为外加剂来提高混凝土的防冻性能。建筑竣工后，氨会从墙体

补充要点

燃气热水器、紫外线灯

1. 燃气热水器不能安装在封闭的淋浴间内，要将排气管联通到室外，避免在使用中对人造成伤害。

2. 紫外线灯照射时在射线的外围会产生不均匀的电离子，这样就可以使空气中的氧分子发生电离，使其重组转化为臭氧。

中缓慢释放出来，造成室内空气中氨的浓度增加。氨被吸入肺后容易通过肺泡进入血液，与血红蛋白结合，破坏运氧功能。短期内吸入大量氨气后可出现流泪、咽痛、声音嘶哑、咳嗽、呼吸困难等症状，严重者可发生肺水肿、成人呼吸窘迫综合征。

八、氡

用于取暖或烹饪的天然气，会释放出一定量的氡（Rn），氡相较于其他化学物质的危害而言，在于氡具有不可挥发性，它不会随着时间的推移而减少。

装饰材料中含有一定量的氡，如花岗岩、水泥、砖砂、石膏等物都会释放出氡。特别是含有放射性元素的天然石材，最易释放出氡。土壤中也含有一定量的氡，在地层深处含有镭、铀的土壤与岩石中都可以发现高浓度氡，这些氡通过地层的断裂带进入土壤，并沿着土地裂缝一直扩散到建筑室内，因此低层建筑的氡含量高于高层建筑的氡含量。

氡是一种无色无味的惰性气体，因此，它对人体的伤害也是不知不觉的。氡对人体的危害主要为肺癌。此外，氡会使人体中的白细胞和血小板减少，导致白血病。氡还通过人体脂肪影响人的神经系统，使人精神不振，昏昏欲睡。

第二节 污染检测与控制标准

现在市场上的检测设备很多，不同等级、档次、适用范围都很丰富，本书第九章会介绍室内空气检测仪器，供专业读者与消费者学习了解。

一、我国环境污染标准

目前，我国有两部关于装修污染检测与控制的国家标准，分别是GB/T 18883—2022《室内空气质量标准》（以下简称GB/T 18883—2022）与GB 50325—2020《民用建筑工程室内环境污染控制规范》（以下简称GB 50325—2020），两者区别如下（图1-4）。

1. 针对性不同

GB/T 18883—2022是国家市场监督管理总局和国家卫生健康委员会发布的国家标准，是一种指导性标准。GB 50325—2020是中华人民共和国住房与城乡建设部和国家市场监督管理总局发布的强制性国家标准，是建筑、装修验收标准，对建筑商、装修商具有强制性。

图1-4 中国环境标志

中国环境标志是标示在产品或其包装上的一种“证明性商标”。它表明产品不仅质量合格，而且符合特定的环保要求，与同类产品相比，具有低毒少害、节约资源能源等环境优势。认证产品种类主要包括家具、建筑装饰材料、日用品、纺织品、汽车、办公设备、油墨、再生鼓粉盒、生态住宅、太阳能等。

2. 指标值不同

GB/T 18883—2022涉及室内环境物理性、化学性、生物性、放射性等多项指标，GB 50325—2020只对甲醛、苯、氨、TVOC（总挥发性有机物）和氡^{222}等项目进行了限定。两个标准重叠的项目的限定值依甲醛、苯、氨、TVOC（总挥发性有机物）和氡^{222}的限值对比（表1-2）。

3. 检测条件不同

GB/T 18883—2022接近人们日常生活习惯，要求12h密闭环境之后测试，而GB 50325—2020标准更宽一些，要求1h密闭环境下测试，主要满足开发商、建设单位在施工现场短时间内完成检测，表1-2中检测标准具有强制性，不合格即不可通过验收。

从指标值来看，GB/T 18883—2022比GB 50325—2020的要求还要低一点。但在检测条件上，GB/T 18883—2022比GB 50325—2020要严格。前者规定要关闭门窗12h之后进行。关闭门窗后室内空气与室外空气无法对流，稀释时间越长、温度越高，积聚的污染物浓度越高。后者规定检测前要充分通风，然后只关闭门窗1h就进行检测。所以，经常是按GB/T 18883—2022测出来超标，按GB 50325—2020测出来不超标。

检测条件的不同，往往导致按GB 50325—2020规范验收交工交付使用的房屋，按GB/T 18883—2022标准进行检测又不合格的矛盾。因此，在装饰装修工程竣工验收时，均以GB 50325—2020为标准。日常生活工作中正在使用的空间检测以GB/T 18883—2022为标准。

二、外国环境污染标准

1. 德国

德国对于装饰材料的管理非常严谨（图1-5）。德国的装饰材料必须与同样性能的产品进行对比，材料要标识出对环境的可靠性特征，同时要推广材料的合理使用方法，提升材料的安全性。做到这些才能被授予蓝色天使标志。

德国蓝色天使标志主要特点为：节能、无磷、可回收利用、低毒低害、低噪声、节水或者可生物降解。如定位“低毒低害”的木质人造板，甲醛含量国际标准是不可以超过0.08mg/m^3，而标志产品则要求低于0.05mg/m^3，可见其要求比国际标准更高。

2. 加拿大

加拿大于1993年3月颁布了第一个产品标志（图1-6），至今已有14个类别的800多种产品被授予CSA环境标志。加拿大对建材产品制定了《住宅室内空气质量指南》，并随着时间变化不断进行修改。如现在多数水性建筑涂料的总有机挥发物在100～150g/L内，有的涂料已达到总有机挥发物为

表1-2　两种检测标准关键元素指标对比

序号	物质名称和单位	GB/T 18883—2022（12h测试）	GB 50325—2020（1h测试）
1	甲醛/（mg/m^3）	≤0.10	≤0.08
2	苯/（mg/m^3）	≤0.11	≤0.09
3	氨/（mg/m^3）	≤0.20	≤0.20
4	TVOC（总挥发性有机物）/（mg/m^3）	≤0.60	≤0.50
5	氡^{222}/（Bq/m^3）	≤400	≤200

注：Bq/m^{3}每立方贝可是放射性活度单位。

零含量。同时，还规定了水性建筑涂料不得使用甲醛、卤化物溶剂、含芳香族类烃类化合物，不得用汞、铅、镉和铬及其化合物的颜料和添加剂。

加拿大对人造板材的质量控制非常严格。规定刨花板的总有机挥发物现用值低于120g/m^3，目标值为60g/m^3；中密度纤维板和硬木板的推荐挥发性有机化合物（VOCs）低于180g/m^3；可拆卸石膏板专用胶粘剂，不得含有芳香族、卤化物等有机物，其有机挥发物含量≤3%。

3. 美国

美国是开展室内环境标准与相关产品认证制度研究较早的国家，美国环保局一直在开展应用于住宅室内空气质量控制的研究，一些州和有关组织已开始实施有关建筑装饰材料的环境标准与标志计划，并取得了显著的效果（图1-7、图1-8）。

图1-5　德国蓝色天使标志

蓝色天使是世界范围内有关环境和消费者保护的第一个标志体系，1978年由联合国内政部提出。1986年蓝色天使体系转交给了德国联邦环保部。蓝色天使的LOGO来自于联合国环境规划署的标志。

图1-6　加拿大CSA标志

CSA是加拿大最大的安全认证机构，也是世界上最著名的安全认证机构之一。它能对机械、建材、电器、电脑设备、办公设备、环保、医疗防火安全、运动及娱乐等方面的所有类型的产品提供安全认证。

BIFMA
INTERNATIONAL

Vertical Files - Tests

American National Standard for Office Furnishings

图1-7　BIFMA证书封面

BIFMA认证简称BFM，是制定北美办公家具行业标准和制度的机构，主要为办公家具开发设计和营销企业提供服务，世界各国家具要进入国际市场，必须先拿到BIFMA等机构认证的国际标准准行证方能进入国际市场。因此，BIFMA在国际家具业对外贸易交往中起着重要的作用，BIFMA标准以其完善的内容、严格的要求逐渐赢得了广泛的认同。

（a）绿色卫士标志

GREENGUARD

Children & School
GREENGUARD
Indoor Air Quality Certified

U.S.Diamond paints Group

Issued by：

美国绿色卫士环境研究机构认证

（b）绿色卫士证书

图1-8　绿色卫士认证

（a）：绿色卫士标志是国际公认的最权威的室内产品，其中包括对于建材、家具、装饰材料、地面材料、油漆和涂料、表面材料、清洁剂及儿童产品等20多个类别的认证标准。
（b）：绿色卫士证书被超过200个国家承认，在政府采购、公用机构、行业协会列为无害产品购买指南。

本章小结

随着国民经济的快速发展、人民生活水平的日益提高和消费者室内环境保护意识的增强，室内环境变化较快、污染物种类较多、含量变化范围较广、区域性污染物差别也较大。因此，在装饰材料学习中要了解各种有毒物质的属性，针对不同有毒物质进行防治，彻底解决装饰材料与构造设计的污染问题。

★课后练习

1. 什么是空气污染？空气污染的主要危害是什么？

2. 装饰材料中主要有哪些污染物质？覆盖面最广的三种危害有哪些？

3. 搜索并下载GB/T 18883—2022《室内空气质量标准》与GB 50325—2020《民用建筑工程室内环境污染控制规范》，仔细阅读并记录重点。

4. 收集更多关于德国蓝色天使的标准规范，找出两种在我国市场上销售的材料产品。

5. 初步考察装饰材料市场，向材料经销商询问关于材料污染的问题，并总结他们的观点。

6. 选择三种生活、工作中所常用的装饰材料，分析其有无污染。

7. 咨询身边的人，让他们谈谈对装饰材料污染的看法、态度，以及他们认知的防治方法。

8. 考察中国古典家具，查阅资料证实木材与涂料中是否存在污染物质，思考如何将传统木材与涂料运用到现代装饰构造中。

第二章

基础材料

识读难度：★☆☆☆☆

核心概念：外加剂、水电管线、防水涂料

章节导读

基础工程是全套装饰施工的开始，在基础工程的实施过程中会用到混凝土、防水涂料等，由于这些基础材料品种多样，质量参差不齐，选用时要仔细辨别，要特别注意材料品质（图2-1）。

图2-1　混凝土墙面

第一节 混凝土

混凝土是由胶凝材料（如水泥）、水、骨料等按适当比例配制，经混合搅拌，硬化而成的一种人工石材。

在装饰施工中使用的混凝土是指采用水泥作为胶凝材料，采用砂、石作为骨料，与水按一定比例配合，经搅拌、成型、养护而成的水泥混凝土，也称为普通混凝土。此外，还有用于户外墙、地面铺装的装饰混凝土。

一、普通混凝土

普通混凝土具有原料丰富，价格低廉，生产工艺简单的特点，同时，混凝土还具有抗压强度高，耐久性好，强度范围广等特点。

普通混凝土主要用于浇筑室内新构筑的地面、楼板、梁柱等构造，用于成品墙板或粗糙墙面找平，在户外庭院中还可以浇筑各种小品、景观、构造等物件。普通混凝土密度为2500kg/m^3，且施工成本较高，以室内浇筑架空楼板为例，配合钢筋、模板等施工费用，综合成本为600～800元/m^3（图2-2、图2-3）。

补充要点

混凝土规格

1. 混凝土强度等级是指按标准方法制作、养护的边长为200mm的立方体标准试件，在28天育龄期内用标准试验方法所测得的抗压极限强度，以MPa（N/mm^2）计，同时也标志出混凝土的抗压强度、抗冻、抗渗等物理力学性能指标。用于装饰构造的混凝土强度通常采用C15、C20、C25、C30，数据越大则说明混凝土的强度越高。

2. 混凝土采用专用混凝土车运输，在运输过程中要保持混凝土的匀质性，运送混凝土的容器应该严密、不漏浆，容器内部要平整、光洁、不吸水。

图2-2 立柱钢筋与模板

使用混凝土砌筑立柱时，要将立柱中纵向钢筋捆绑起来，保持垂直状态，再制作围合模板，浇筑混凝土后要进行封模。混凝土的自由高度不宜超过2m。

图2-3 楼板钢筋与模板

使用混凝土浇筑楼板时，要先做好底部模板，再布放钢筋，最后浇筑混凝土。成品混凝土厂供应各种类型的混凝土，根据所需量和种类的不同，价格也会有所不同。

混凝土配制搅拌后要在2h内浇筑使用，浇筑梁、柱、板时，初凝时间为8～12h，大体积混凝土为12～15h。混凝土浇筑后要注意养护，这样有利于创造适当的温湿度环境，保证或加速混凝土的正常硬化，我国的标准养护条件温度为20℃，湿度大于95%。

二、装饰混凝土

装饰混凝土是采用特种水泥、颜料或颜色骨料，在一定工艺条件下制得具有装饰效果的混凝土。装饰混凝土既能在混凝土中掺入适量颜料，使整个混凝土结构或构件具有色彩，或只将表面部分设计成彩色。这两种方法各具特点，前者质量较好，但成本较高；后者价格较低，但耐久性较差。

装饰混凝土能在原本普通的新旧混凝土的表层，通过色彩、色调、质感、款式、纹理的创意设计，对图案与颜色进行有机组合，创造出各种天然大理石、花岗岩、砖、瓦、木地板等天然石材铺设效果（图2-4、图2-5）。

装饰混凝土的细骨料可以采用粒径小于1mm的石粉或洁净的河砂来代替。颜料可以用氧化铁或有机颜料，颜料要求分散性好、着色性强。骨料在使用前应当用清水冲洗干净，防止杂质干扰色彩效果。为了提高饰面层的耐磨性、强度及耐候性，会在面层混合料中掺入适量的胶粘剂。在生产中为了改善施工成型性能，还可以掺入少量外加剂，如缓凝剂、促凝剂、早强剂、减水剂等，但这些物质均存在污染。

三、混凝土外加剂

外加剂能调配水泥的物理、化学性能，是调节混凝土的性能必不可少的物质，但这些化学物质大多都会对室内环境造成污染。在混凝土搅拌前或拌制过程中需要加入外加剂，混凝土外加剂能够改善新拌和硬化混凝土的性能。通常混凝土外加剂的掺量不超过水泥用量的5%（GB 8076—2008）。

图2-4　混凝土地面

装饰混凝土模具拥有各种造型，可以用于户外需要有特色图案装饰的地面区域。

图2-5　彩色沥青混凝土

彩色沥青混凝土属于装饰混凝土的一种，本身是深褐色，主要通过着色剂来改变本身色彩，用于绿道、自行车道、步行道、园林景观道路铺装。

补充要点

减水剂

1. 液态减水剂溶解效果好，能更均匀地掺入混凝土中。

2. 粉状减水剂便于长途运输，能降低运输成本，它是由液态减水剂干燥固化而来，主要应用于灌浆料、水泥自流平等。

外加剂能够起到提高混凝土耐久性、强度与密实性，增强混凝土的抗渗性与抗冻性，对干燥收缩及流变性能有明显改善，同时外加剂还可以提高钢筋的耐蚀性。混凝土外加剂一般不会影响混凝土的质量，混凝土外加剂在保证混凝土质量的同时，还能够节约水泥的用量，在一定程度能保护生态环境。混凝土外加剂按化学成分分类见表2-1。

补充要点

氯离子的侵蚀

氯离子的侵蚀是引起混凝土中钢筋腐蚀的主要原因。氯离子是极强的去纯化剂，一定条件下其浓度达到临界值，钢筋就会去纯化而腐蚀。

1. 混凝土外加剂中的有害物质

混凝土外加剂均存在毒害，主要致毒成分来源于重金属与挥发性气体，这些物质与空气接触后会从外加剂中分离出来，或混合在空气中，导致环境污染。

例如，减水剂是一种能减少拌和用水量的混凝土外加剂，能减少混凝土的用水量，改善混凝土拌和物的流动性，节约水泥。减水剂主要成分有木质素磺酸盐、萘磺酸盐甲醛聚合物等，其中甲醛就会从凝固的混凝土内释放出来。此外，早期的混凝土抗冻剂主要为氯化钠，氯离子对钢筋具有锈蚀作用，后来改为尿素，但是尿素在混凝土中产生甲醛、氨气和二氧化碳，氨气挥发会造成建筑物室内的氨气污染。

表2-1　按外加剂的化学成分分类

功能	序号	名称	用途及主要品种
改善终凝时间	1	缓凝剂	能降低混凝土硬化性能，有效延长混凝土的凝结时间，如酒石钾钠、酒石酸等
	2	速凝剂	能促进混凝土迅速凝结和硬化，能够加速水泥的水化反应，如水玻璃溶液、铝氧熟料等
	3	早强剂	能降低混凝土用量、提高混凝土早期强度、缩短养护时间，如氯化钠、氯化钙等
改善流动性能	4	减水剂	能增强混凝土拌和物流动性，改善它的和易性，如高效减水剂、早强减水剂等
	5	引气剂	能产生大量均匀封闭的微小气泡，具有改善混凝土拌和易性，提高混凝土耐久性和抗冻性的功能
改善耐久性能	6	密实剂	能提高抗渗性和减少收缩、防止开裂、阻止水分子渗透、显著提高混凝土强度等功能，如三乙醇胺
	7	防水剂	能降低砂浆、混凝土在静水压力下的透水性
改善其他性能	8	膨胀剂	能经水反应生产钙矾石、氢氧化钙等，使混凝土产生体积的膨胀
	9	消泡剂	能消除或抑制混凝土中的较大气泡从而提高混凝土的强度
	10	抗冻剂	能促进混凝土在低温下强度增长，能够降低混凝土的冻结温度，如尿素、氯化钙等

图2-6　密闭的办公空间

想排除氡气最好的方法是多开窗通气，但在污染较严重的城市或是密闭的写字楼就行不通，可以选择空气净化器来减轻氡气的污染。

补充要点

氡气检测仪、新风机

1. 氡气检测仪是用于检测环境中氡气浓度的电子仪器，可随身携带。当检测到环境中氡气的浓度达到或超过预置报警值时，氡气检测仪会发出声光及震动报警信号。

2. 新风机中的吸附剂能有效吸附空气中的二氧化硫、一氧化碳、甲醛、氨气、氮氧化合物、氢氰酸等挥发性有机化合污染物，被吸附剂所捕捉吸附从而达到净化空气的目的，是一种较为普遍的污染物清除方法。

2. 控制有害物质

混凝土中的氡气是从墙体中散发出来的，墙体面积大小会直接影响到室内氡气的含量，不同结构的房间与通风情况都会导致室内空气中氡污染程度不同（图2-6）。可以采用氡气检测仪来检测，再根据污染情况合理安排使用功能，如污染严重的房间尽量不作卧室使用。

对于污染状况较严重的、不能够常常开窗通风的建筑空间，可以使用新风机来排除室内的氡气，新风机是有效的空气净化设备，能够使室内空气产生循环，能将室内污浊的空气排出室外，同时将室外新鲜空气经过杀菌、消毒、过滤等措施后，再输入到室内，保持室内空气新鲜干净（图2-7）。

（a）顶面混凝土

（b）地面混凝土

图2-7　Loft工业风格住宅

Loft工业风格时下比较流行，采用外露建筑混凝土来表现建筑自身的原始美感。Loft工业风格外露的混凝土、砖块部位不宜过多，以免混凝土中的外加剂污染严重。

（a）：外露的混凝土要进行封闭处理，先喷涂一遍透明液体状的清除剂，在涂刷聚酯清漆，最后再喷涂两遍清除剂。

（b）：如果对混凝土外加剂的污染不放心，可以选择仿水泥纹理的地砖来铺装地面。

第二节 水电管线材料

水电路是装饰工程中重要的隐蔽构造，如果材料质量不过关，将会带来巨大的安全隐患，一旦填埋到墙、地面中去，维修起来非常麻烦，因此一般要选用知名品牌。

一、PP-R供水管

PP-R管又被称为三型聚丙烯管，采用无规共聚聚丙烯经挤出机挤出成型的管材，这是一种健康、安全、耐用性能稳定的绿色环保管材，用于自来水供给管道。PP-R管有一般塑料管所具备的重量轻、耐腐蚀、不结垢、无毒卫生、使用寿命长等特点。PP-R管主要成分是碳、氢元素，对健康没有危害。

PP-R管不仅是厨房、卫生间冷、热水给水管的首选，还能够用于全套住宅的中央空调、小型锅炉地暖的给水管，或直接饮用的纯净水的供水管。

PP-R供水管分为冷水管与热水管，冷水管用蓝色线标识，一般比较薄，其工作温度只能达到70℃，热水管用红色线标识，一般比较厚，其工作温度可以达到130℃，但冷水管价格低廉。为了防止热水器中的热水回流，一般应全部采用热水管，使用起来更加安全。冷水管一般只用于阳台、庭院的洗涤、灌溉水管。

PP-R管的规格表示分为外径（DN）与壁厚（EN），单位均为mm。PP-R管的外径一般为ϕ20mm（4分管）、ϕ25mm（6分管）、ϕ32mm（1寸管）、ϕ40mm（1.2寸管）等（图2-8～图2-10）。

PP-R管上的S字母表示管材抗压级别，单位为MPa。大部分企业生产的PP-R管材有S5、S4、S3.2、S2.5、S2等级别，其中S5级管材能够承载1.25MPa（12.5kg）水压，常规水压为0.3～0.5MPa。以ϕ25mm的S5型PP-R管为例，外部ϕ25mm，管

图2-8 双层PP-R管

双层水管由内外两层构成，内层主要为了抗菌，能够有效地对水源进行杀菌抑菌，且双层管内壁光滑，管道的阻力小，这极大地减少了水流的震动和噪声，送水迅速。

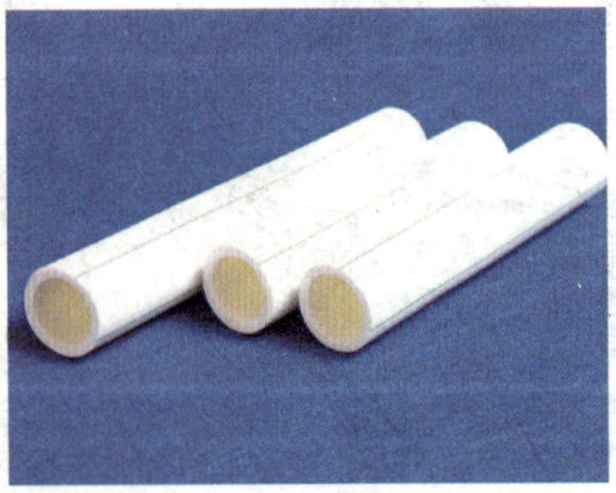

图2-9 单层PP-R管

单层PP-R管一般的承受温度在80～90℃，一旦遇到热胀冷缩，极易发生爆管的现象。

图2-10 PP-R铜塑复合管

PP-R铜塑复合管具备一定的抑菌能力，同时导热性能优异，但价格较高。相比PP-R管而言，铜塑复合管更加节能、环保、健康。

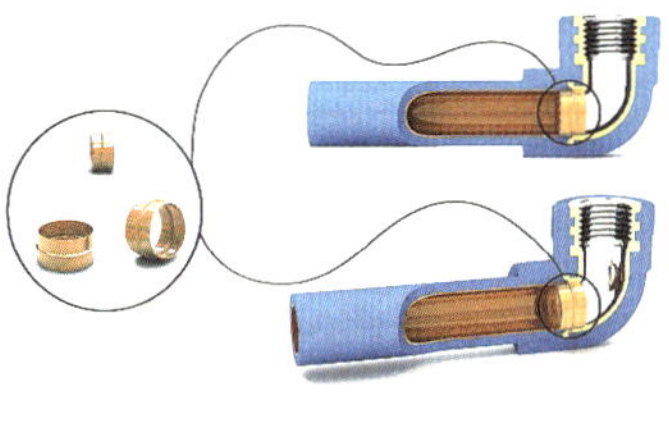

图2-11　PP-R铜塑复合管内部构造
PP-R铜塑复合管的内层为无缝纯紫铜管，由于水是完全接触于紫铜管的，性能就等同于铜水管。铜塑复合管接头采用紫铜或黄铜作为内嵌件，外部加注塑PP-R材料，可进行简便的热熔连接。

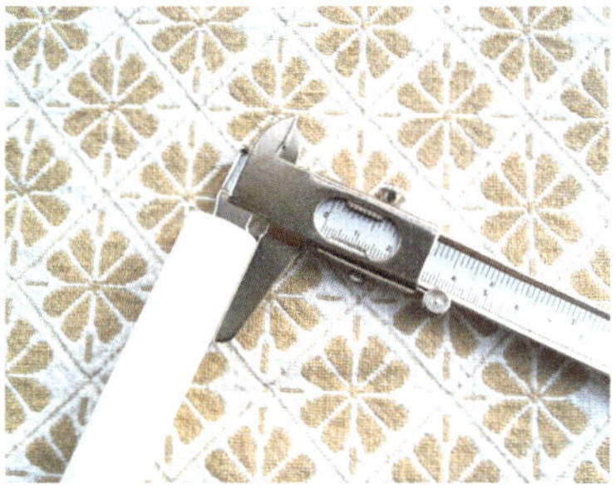

图2-12　测量管径
使用游标卡尺钳住PP-R管，使其外管完全与游标卡尺的卡钳贴合，卡尺上尺寸为管径大小。

图2-13　测量管壁
将游标卡尺的卡钳深入到PP-R管中，夹紧至无缝隙，并得出相应尺寸，一般需人工读取尺寸，精确度较高。

壁厚2.5mm，长度为3m或4m，也可以定制。

PP-R管的配件主要包括直接、内丝弯头、三通、弯头、四通、活接、过桥弯以及阀门等。PP-R管各种规格接头配件，价格相对较高，是一套复杂的产品体系。

1. 正确选择PP-R管

（1）观察管材外观。仔细查看管材、管件的外观，管材与配件的颜色应基本一致，内外表面应该光滑、平整、无凹凸、无气泡，不应该含有可见的杂质（图2-11）。

（2）测量管材相关尺寸。测量管材、管件的外径与壁厚（图2-12、图2-13），对照管材表面印刷的参数，看看是否一致，观察管材的壁厚是否均匀，这会影响管材的抗压性能。如果经济条件允许，可选用S3.2级与S2.5级产品。

（3）检查管材外部包装。仔细查看PP-R管的外部包装，优质品牌产品的管材两端应该有塑料盖封闭，防止灰尘、污垢污染管壁内侧，且每根管材的外部均具有塑料膜包装，可以对着管口闻一下，优质产品不会有任何气味。

（4）查看配套接头配件。观察配套接头配件，尤其是带有金属内螺的接头，其优质产品的内螺应该是不锈钢或铜材。可以先买1根进行燃烧管壁，检查质量是否达标。

2. PP-R管构造设计

PP-R管构造属于隐蔽工程，管道要埋入墙体、地面中。构造设计的关键环节在于墙地面开槽的深度与宽度应保持一致，且边缘整齐（图2-14～图2-17）。

3. PP-R管施工方法

（1）查看施工环境，找到给水管入口，大多数建筑只将给水管引入厨房或卫生间后就不作延伸

图2-14　PP-R管施工构造
PP-R管敷设时应采用切割机在墙面开槽，其深度应当与管材规格对应，软质管线应穿入硬质PVC管中。

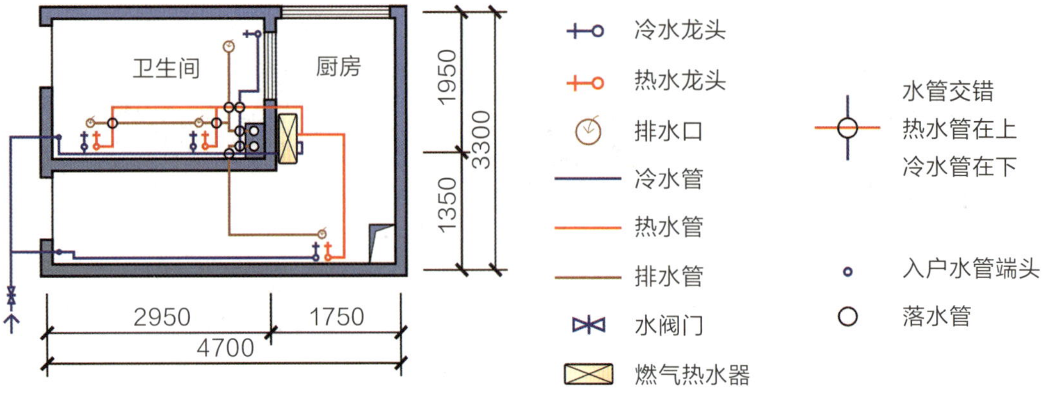

图2-15　卫生间厨房给水布置示意图

水路施工前一定要绘制比较完整的施工图，并在施工现场向施工员交代清楚，水路构造施工主要分为给水管施工与排水管施工两种，其中给水管施工是重点，需要详细图纸指导施工。

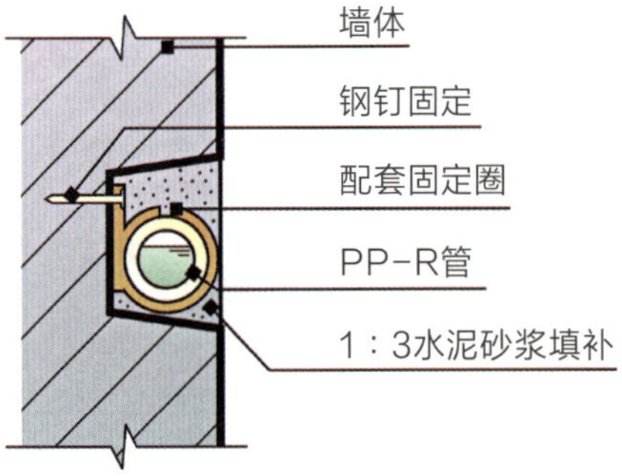

图2-16　给水管安装构造示意

开槽的深度要比管道直径大，要能完全将管道埋入凹槽内，水泥砂浆回填时要能完全覆盖管道，并填塞紧密。

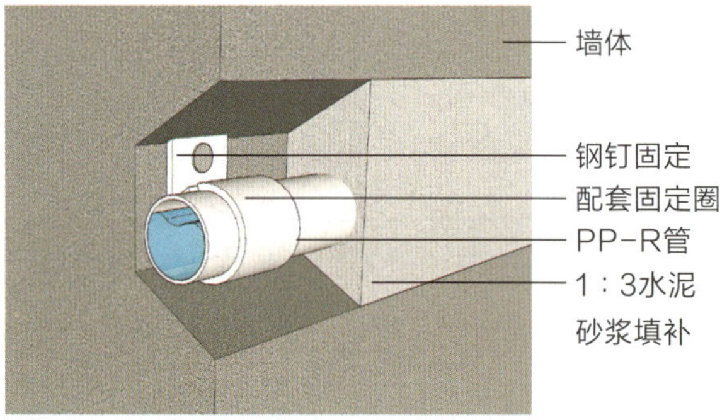

图2-17　给水管安装三维图

图2-18　墙地面精准放线定位

在墙地面上开设管槽之前，应当放线定位，采用墨线盒弹线。

了，在施工中应就地开口延伸，但是不能改动原有管道的入户方式。

（2）根据设计要求放线定位，并在墙地面开凿穿管所需的孔洞与暗槽，部分给水管布置在顶部，管道会被厨房、卫生间的扣板遮住，注意尽量不要破坏地面防水层（图2-18）。

（3）根据墙面开槽尺寸对给水管下料并预装，布置周全后仔细检查是否合理，其后就正式热熔安装，并采用各种预埋件与管路支托架固定给水管（图2-19～图2-22）。

（4）采用打压器为给水管试压（图2-23），使用水泥砂浆修补孔洞与暗槽。

二、PVC排水管

PVC管全称为聚氯乙烯管，是用热压法挤压成型的塑料管材。PVC管的抗腐蚀能力强、易于粘接、价格低、质地坚硬，是当今最流行且被广泛应用的合成管道材料（图2-24、图2-25）。

图2-19 在墙地面开槽
采用切割机开槽时应当选用瓷砖专用切割片，切割管槽深度要略大于管道直径。

图2-20 PP-R管热熔后冷却5~7s
专用于PP-R管的热熔机应当充分预热，热熔时间为10~15s，时间必须要控制好。

图2-21 连接管道与管件
管材热熔后应当及时对接管道配件，握紧固定5~10s，固定后还需做牢固试验。

图2-22 在墙地面安装固定
管道组装完毕后应平稳放置在管槽中，管槽底部的残渣应当清扫干净。

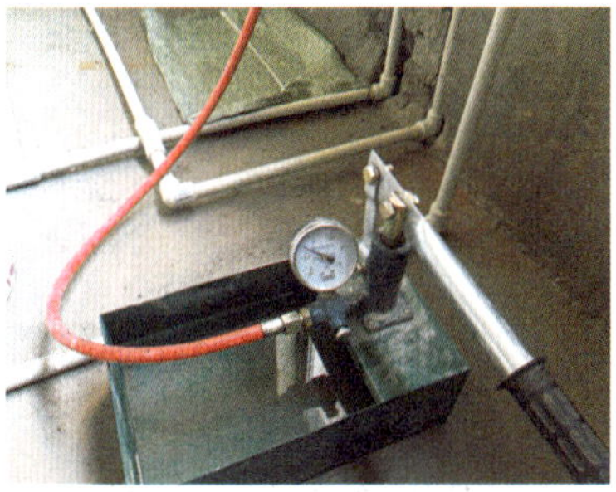

图2-23 打压测试
管道组装完毕后应当试水打压，压力应大于0.6MPa，测试时间不低于48h。

图2-24 PVC管
PVC管具有良好的水密性，无论采用粘接还是橡胶圈螺旋连接，均具有良好的水密性。此外，PVC管不是营养源，因此不会受到老鼠等啮齿类动物的侵蚀与破坏。

PVC管不能用于生活饮用水的给水管，聚氯乙烯对人体是有毒害的。PVC管主要用于生活用水的排放管道，由地面向上垂直预留100~300mm，待后期安装洁具完毕再根据需要裁切。PVC管的规格为ϕ50~160mm等。

大部分PVC管的管壁厚1.5~5mm，较厚的管壁还被加工成空心状，隔声效果较好。ϕ50~75mm PVC管主要用于连接洗面台、浴缸、淋浴房、拖布池、洗衣机、厨房水槽等排水设备。ϕ110~130mm的PVC管主要用于连接坐便器、蹲便器等排水设备。ϕ160mm以上的PVC管主要用于厨房、卫生间的横、纵向主排水管的连接。以ϕ75mm的PVC管为例材，外部ϕ75mm，管壁厚2.3mm，长度一般为4m。

1. 正确选择PVC管

（1）看表面色泽。仔细观察PVC管表面的颜色，优质的产品一般为白色，管材的白度高，但并不刺眼。至于市场上出现的浅绿色、浅蓝色等有色产品多为回收材料制作，强度与韧性较差。

（2）测量相关尺寸。仔细测量PVC管的管径与管壁尺寸，并与包装袋上的参数进行对比，看看是否与标称数据一致（图2-26）。

（3）检测硬度。用手挤压PVC管材，优质的产品不会发生任何变形，如果条件允许，还可以用脚踩压，不开裂、破碎为优质产品（图2-27）。

（4）观察横截面。用美工刀削切PVC管壁，优质产品的截面质地一般都很均匀，削切过程中也不会产生任何不均匀的阻力（图2-28）。

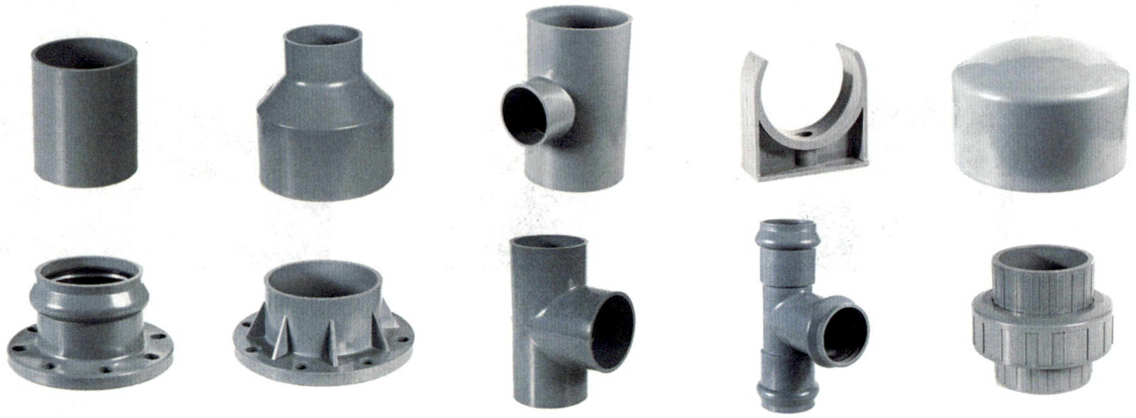

图2-25　PVC管配件

PVC管有各种规格、样式的接头配件，价格相对较高，是一套复杂的产品体系。PVC管的管件和PP-R管的管件类似，配件尺寸同样要控制好。

（a）测量管径

（b）测量管壁

图2-26　PVC管测量

（a）：测量管径时要注意卡扣的松紧度，太紧导致PVC管变形，导致测量错误。

（b）：测量管壁之前要确认清楚该PVC管的规格，再将测量出的管壁尺寸与之进行对比。

图2-27　脚踩

取小段PVC管样品，在光线充足的情况下用脚轻轻踩压PVC管材，注意控制好下脚的力度，不会轻易开裂的为优质品。

图2-28　美工刀削切

取小段PVC管样品，用美工刀横切管材，仔细观察管材的横截面，并感受裁切的难易程度，截面平滑，切割无明显阻力的为优质品。

2. PVC管构造设计

PVC管中的水压小，管道粗，安装起来相对简单。目前很多厨房、卫生间都设置好了排水管，一般不必刻意修改，只要按照排水管的位置来安装洁具即可。现代建筑更多为下沉式卫生间，只预留一个排水孔，所有管道均需要现场设计、制作（图2-29、图2-30）。

3. PVC管施工方法

PVC管的安装施工一般采用粘接的方式，施工中应注意如下几点。

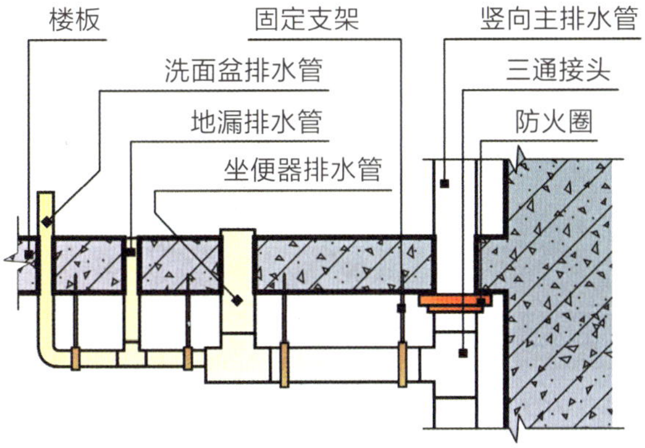

（a）下置排水管

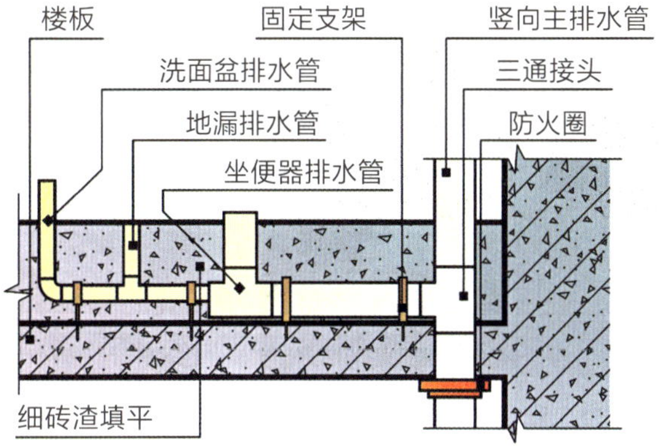

（b）上置排水管

图2-29　排水管安装构造示意图

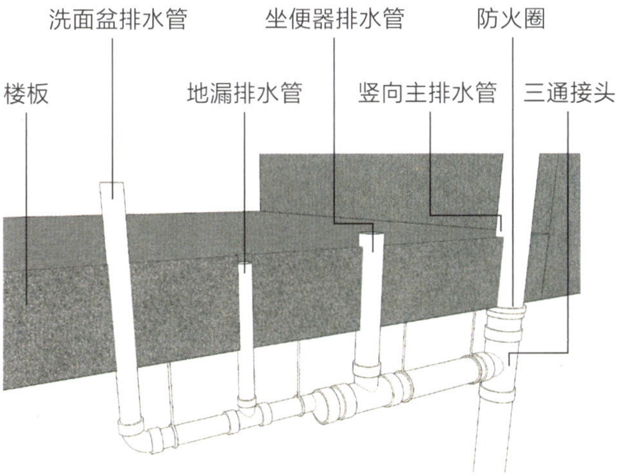

（a）下置排水管

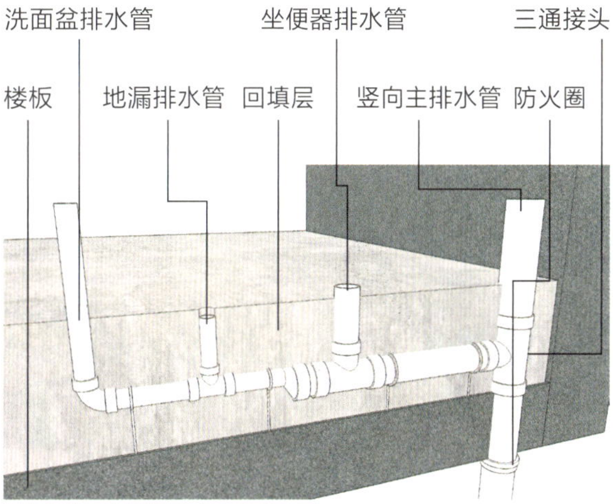

（b）上置排水管

图2-30　排水管安装构造三维图

（1）查看施工环境，找到PVC管出口。现在大多数建筑将排水管引入室内用水空间后就不作延伸了，需要在施工中对排水口进行必要延伸，但是不能改动原有管道的布置与走向（图2-31）。

（2）根据设计要求在地面上测量管道尺寸，对PVC管下料并预装（图2-32～图2-35）。

（3）粘接PVC管时，须将插口处倒小圆角，以形成坡度，并保证断口平整且轴线垂直一致，这样才能粘接牢固，避免漏水（图2-36）。

（4）用水空间地面一般与其他房间等高，如果要改变排水口位置只能紧贴墙角作明装，待施工后期用地砖铺贴转角作遮掩，或用家具、构造作遮掩（图2-37）。

（5）采用盛水容器为各用PVC管灌水试验，观察其排水能力以及是否漏水，局部可以使用水泥加固管道，下沉式空间需用细砖渣回填平整，回填时注意不要破坏PVC管。

（6）布置周全后仔细检查是否合理，其后就正式胶接安装，并采用各种预埋件、防火圈与管路支托架固定PVC管（图2-38）。

（7）下沉式用水空间不能破坏原有地面防水层，管道都应在防水层上布置安装，如果地面与其他空间等高，最好不要对排水管进行任何修改，作任何延伸或变更，否则都需要砌筑地台，给出入空间带来不便（图2-39）。

图2-31　查看PVC管位置
查找PVC管的排水位置后，应当采用三通管件将其连接起来，方便不同方向管道连接，能加快排水速度。

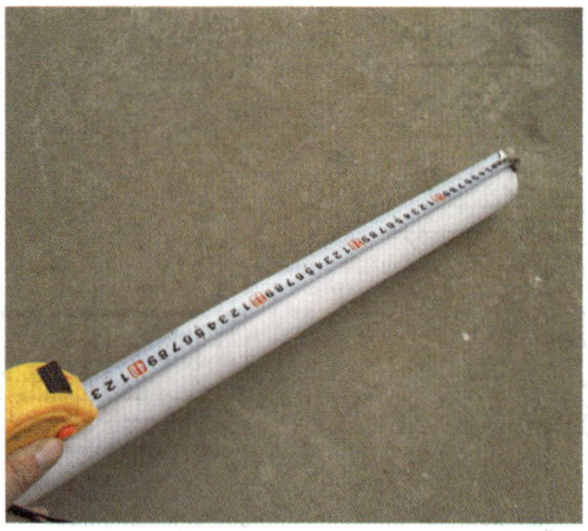

图2-32　使用卷尺测量PVC管尺寸
测量尺寸要求准确，误差±10mm。

图2-33　使用切割机慢慢切割
切割时保持角度垂直，切割面均衡整齐。

图2-34　用砂纸打磨
采用砂纸将PVC管端口打磨干净，清除切割时残留的毛刺。

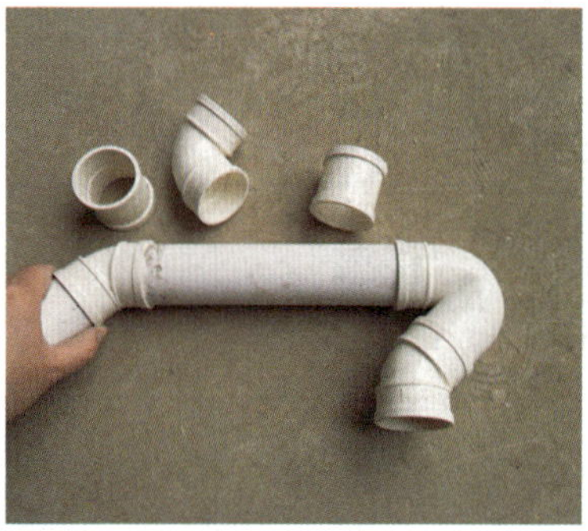

图2-35　组装PVC管
将管道分为多个单元独立组装，摆放在地面校正水平度与垂直度。

图2-36　PVC管涂胶
涂抹上管道专用粘接剂，迅速粘接配套PVC管件。

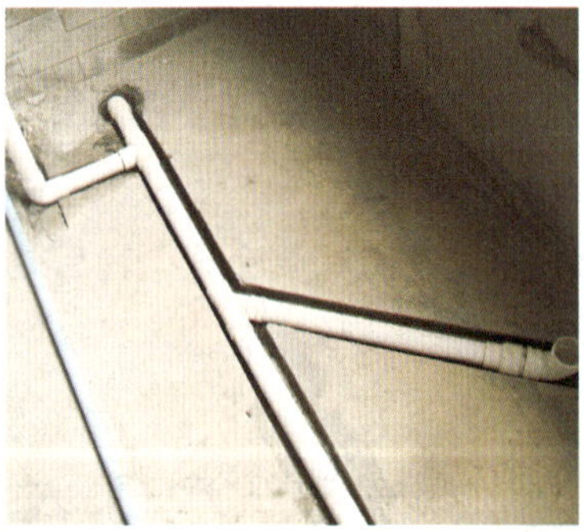

图2-37　PVC管安装规范简洁
横向布置的PVC管应保持2%左右坡度，坡度最低处连接到主落水管，坡度最高处连接距离主落水管最远的排水口。

图2-38　穿过楼板处要PVC管防火圈
防火圈能有效杜绝PVC管受到火灾破坏，火灾层内的高温与明火会在防火圈处减弱或消失，保障上层建筑管道安全。

图2-39　PVC管安装固定
PVC管安装应从低向高安装固定，用砖垫起竖向管道，这样可形成坡度加速排水。

补充要点

避免PVC管漏水

1. 选择合适的尺寸　当PVC管尺寸小于所需要的尺寸时，间隙会过大，如果仅依靠粘接剂去填补缝隙，会导致PVC管粘接不紧密而脱节漏水，因此管材、管件规格要统一，以保证PVC管获得良好的粘接效果，避免漏水现象发生。

2. 规范堆放　堆放硬PVC管不规范或长期堆放过高，会造成PVC管承口部位变成椭圆形，导致连接不紧密或者局部间隙过大，PVC管粘接后，剪切强度也会有所降低，从而导致硬PVC管漏水。

3. 预留合适的固化时间　根据粘接剂的特性及相关规定，安装硬PVC管时，要使用粘接剂粘接，粘接后需要预留48h对PVC管充分固化养护，等PVC管完全固化后再用螺栓固定继续施工。

三、电路材料

电路布设面积广大，电路施工材料要保证使用安全，一旦损坏会造成严重后果。除了选用正宗品牌线材外，还要选择优质的辅材，配合精湛的施工工艺，以此保证使用的安全性。

1. 电源线

电源线内部是铜芯，外部包裹PVC绝缘层，需要在施工中组建回路，并穿接专用阻燃的PVC线管，方可入墙埋设。电源线以卷为计量，每卷线材的长度标准应为100m。电源线的粗细规格一般按铜芯的截面面积进行划分，一般而言，普通照明用线选用1.5mm^2，插座用线选用2.5mm^2，热水器、壁挂空调等大功率电器设备的用线选用4mm^2，中央空调等超大功率电器可选用6mm^{2}以上的电线。

电源线的使用比较灵活，施工员可以根据电路设计与实际需要进行组建回路，虽然需要外套PVC管，但是布设后更安全可靠（图2-40）。

1.5mm^{2}的电源线价格为100～150元/卷，2.5mm^{2}的电源线价格为200～250元/卷，4mm^{2}的电源线价格为300～350元/卷，6mm^{2}的电源线价格为450～500元/卷，每卷100m。此外，为了方便施工，还有多芯电源线可供选择，其柔软性较好，但同等规格价格要贵约10%。

正确选择电源线的方法如下：

（1）识别印刷信息。电源线应该到正规商店购买，必须认准国家电工认证标记（长城图案），电源线包装如图2-41所示。

（2）观察铜芯质地。优质铜芯电源线的铜芯应该是紫红色，有光泽、手感软；伪劣产品的铜芯为紫黑色、偏黄或偏白，杂质较多，机械强度差，韧性不佳，稍用力或多次弯折即会折断，而且电线内常有断线现象（图2-42）。

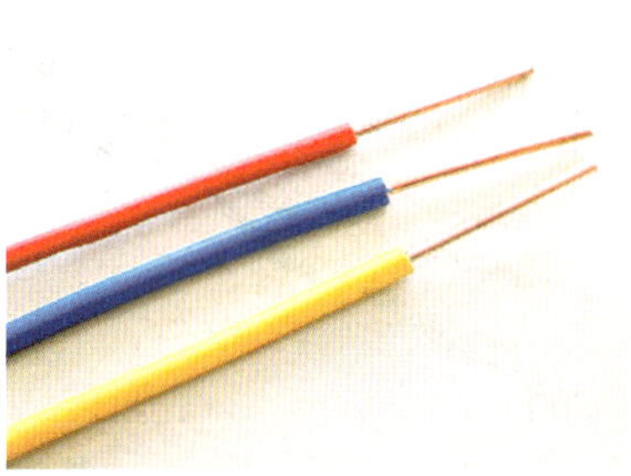

图2-40　单股线
为了方便区分，电源线的PVC绝缘套有多种色彩，如红、绿、黄、蓝、紫、黑、白与绿黄双色等，在同一装修工程中，选用电线的颜色及用途应该一致。

图2-41　电源线包装
成卷销售的电源线要注意外观包装说明，电源线上印刷的商标、规格、电压等信息都必须齐全，相关的生产说明等也必须经过核验。

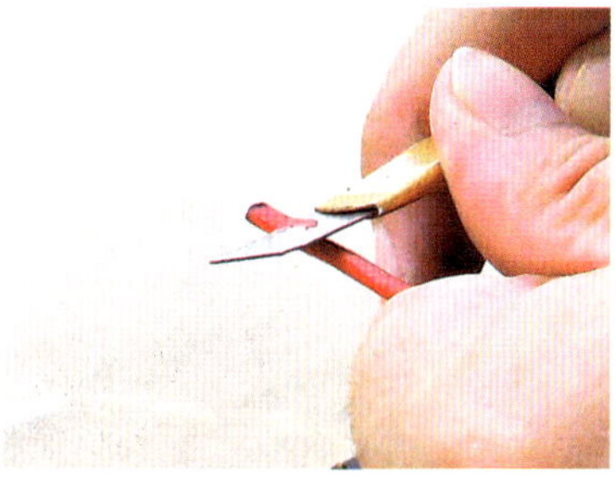

图2-42　使用美工刀削切
采用美工刀将电线一端剥开长约10mm，仔细观察铜芯，刀切开电线绝缘层时应感到阻力均匀。

补充要点

电线无污染保养

1. 电线在存放过程中要谨防其受潮，受热，受腐蚀或碰伤。

2. 电线用到一定年限要注意检查，一旦发现有任何故障，必须及时更换。

3. 电线不要超负荷使用，要记得经常检查家中电气和线路的使用情况，及时进行维护和检修。

4. 对于老式建筑的线路，如果发现被水淹没或淋湿，又或者是线路年久失修发生老化的应立即寻求电工帮助，予以抢修。

（3）观察绝缘层质地。优质电源线的绝缘层厚度、硬度比较适中，拉扯后有弹性；伪劣产品的绝缘层看上去很厚实，实际大多采用再生塑料制成，时间一长绝缘层就会老化进而发生漏电危险（图2-43、图2-44）。

（4）仔细询问价格。由于假冒伪劣电源线的制作成本低，安全性无法得到保障，伪劣产品的长度严重不足，一般＜90米/卷，虽然以超低价格充斥市场，但是整体核算下来，价格与正宗产品相差无几。

2. 网线

网线是指计算机连接局域网的数据传输线，从家用路由器到计算机之间的网线一般应＜50m，网线过长会引起网络信号衰减，沿路干扰增加，传输数据容易出错，因而会造成上网卡、网页出错等情况，给人造成网速变慢的感觉，目前常用的6类线价格为300～400元/卷（图2-45～图2-47）。

3. 穿线管

PVC穿线管是采用聚氯乙烯（PVC）制作的硬质管材，它具有优异的电气绝缘性能，且安装方便，适用于装修工程中各种电线的保护套管，使用率达90%以上。

PVC穿线管的规格有ϕ16～ϕ32mm等多种，内壁厚度一般应≥1mm，长度为3m或4m。为了在施工中有所区分，PVC 穿线管有红色、蓝色、绿色、黄色、白色等多种颜色，其中ϕ20mm的中型PVC穿线管价格为1.5～2元/米（图2-48～图2-51）。

4. 电路暗盒

电路暗盒是采用PVC或金属制作的电路连接盒，主要起连接电线，过渡各种电器线路，保护线路安全的作用，同时也是电路铺设必不可少的材料。

电路暗盒最常用的是86型暗盒，尺寸约80mm×80mm，面板尺寸约86mm×86mm，是

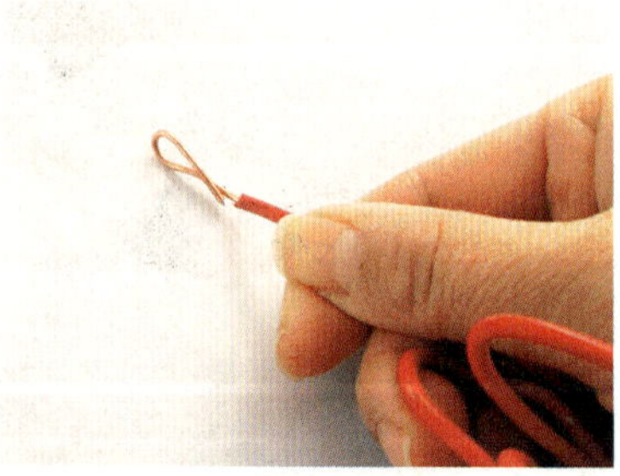

图2-43　检测内部杂质
将铜芯在较厚的白纸上反复磨划，如果白纸上有黑色物质，说明铜芯中的杂质较多。

图2-44　火烧绝缘层
燃烧电线绝缘层，优质产品不容易燃烧，离开火焰后会自动熄灭，且无异味。

图2-45　网线
常见的网线主要为双绞线。双绞线采用一对互相绝缘的金属导线互相绞，能抵御外界电磁波干扰，其中一根线在传输过程中，辐射电波会被另一根线所发出的电波抵消。

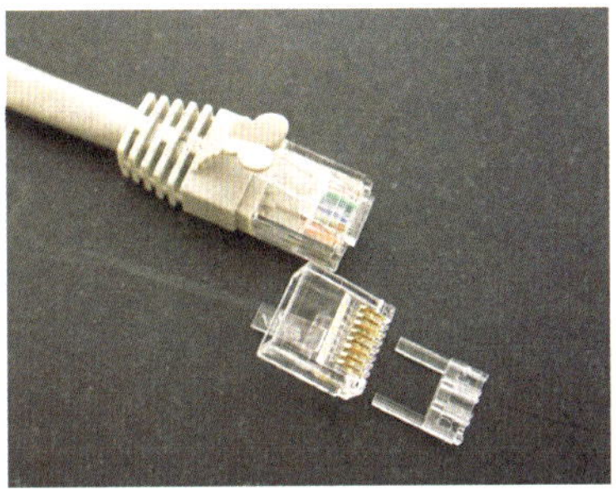

图2-46　成品网路线与接头

辨别正确的标识，超5类线的标识为CAT5E，带宽155MHz，是目前的主流产品；六类线的标识为CAT6E，带宽250MHz，用于千兆网。

图2-47　识别网线

正宗网路线在外层表皮上印刷的文字非常清晰、圆滑，基本上没有锯齿状；伪劣产品的印刷质量较差，字体不清晰，或呈严重锯齿状。用手触摸网路线，正宗产品为了适应不同网络环境需求，都是采用铜材作为导线芯，质地较软，而伪劣产品为了降低成本，在铜材中添加了其他金属元素，导线较硬，不易弯曲，使用时容易产生断线。

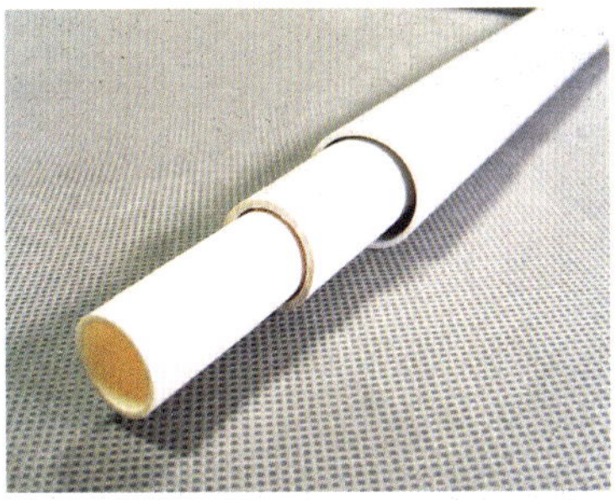

图2-48　PVC穿线管

如果施工面积较大，且房间较多，一般在地面上布线，要求选用强度较高的重型穿线管；如果施工面积较小，且房间较少，可在墙、顶面上布线，选用普通中型穿线管。

图2-49　PVC穿线管布设

如果转角部位很宽松，可以使用弯管器直接加工，这样能提高施工效率。

图2-50　金属穿线管

金属穿线管强度更高，但是施工难度大，一根电线管内所穿线管的截面积之和必须小于该管道内截面的40%，ϕ16mm的穿线管内不宜超过3根，ϕ20mm的穿线管内不宜超过4根。

图2-51　PVC波纹穿线管

为了配合转角处施工，还有PVC波纹穿线管等配套产品，价格低廉，为0.5～1元/米。

使用最多的一种电路暗盒，价格为1～2元/个，具体价格根据质量而有所不同。86型面板分为单盒与多联盒，其中多联盒是由2个及2个以上的单盒组合（图2-52～图2-55）。

识别电路暗盒质量的优劣主要观察其颜色，一般褐色、黑色、灰色产品多为返炼胶制作，且暗盒表面有不规则的花纹，表示其材料中含杂质较多，遇到明火立即软化，甚至自燃。即使没有发生燃烧，也会污染室内空气。

图2-52　金属接线暗盒

金属材质暗盒主要用于混凝土或承重墙中，其防火、抗压性能良好。

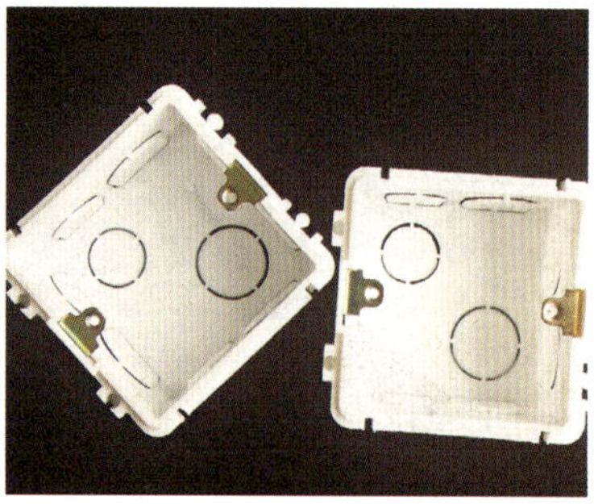

图2-53　PVC电路暗盒

PVC材质的暗盒其绝缘性能更好，使用面更广。

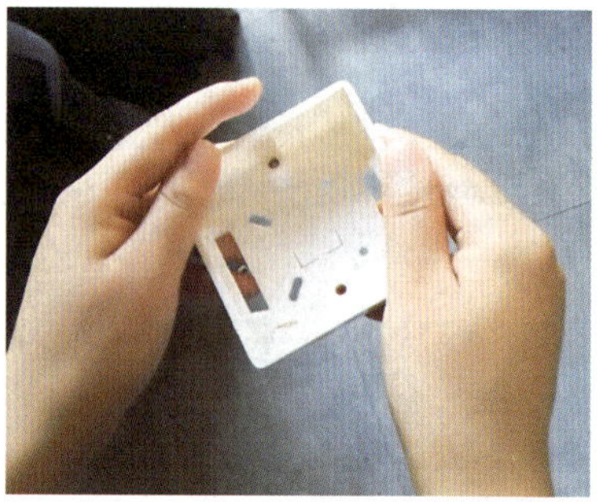

图2-54　检测韧性

将电路线盒往不同方向使用不同力度拉扯线盒，感受阻力，仔细观察表面是否变形。

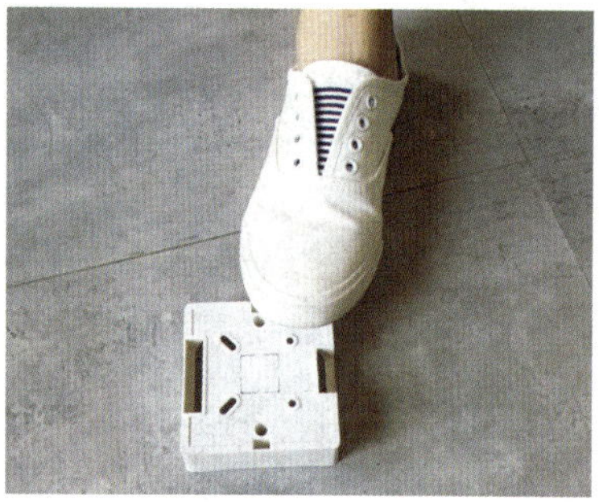

图2-55　检测抗击打性

将电路线盒用脚踩压暗盒，不会轻易变形或断裂的为优质品。

图2-56　开关面板内部构造

普通开关插座背后都有接线端子，接线非常简单快速，只要将电线简单地插入端子孔，连接即完成，且不会脱落，现在多数产品均为速接端子。

图2-57　开关面板正面

大翘板开关，其翘板面积占据整个面板，开关力度很轻、很舒适。

图2-58　五孔插座面板

我国国家标准规定的插头型式为扁形，有两极（2孔）与两极带接地（3孔）插头两种，2孔插座大多都有圆头，而3孔插座也有扁形与圆形两种。

5. 开关插座面板

普通开关插座的运用最多，主要可以分为常规开关、常规插座、开关插座组合等多种形式。如今施工多采用暗盒安装，86型是一种国际标准，即面板尺寸约86mm×86mm（图2-56、图2-57）。

部分开关带有夜光功能，这样在晚上也能方便地找到开关的位置，发光方式主要有荧光粉与电源两种类型，前者价格较低，但是荧光粉在外界光源消失后，能量将很快耗尽，而电源发光则可以长期点亮。86型单联单控开关与3孔插座价格均为10～15元/个（图2-58、图2-59）。

开关插座面板的品种繁多，需要注意识别产品质量（图2-60、图2-61）。

（1）观察外观。优质开关插座的面板多采用高档塑料，表面看起来材质均匀，光洁且有质感。

（2）观察金属材料。开关插座面板中的金属材料主要为铜质插

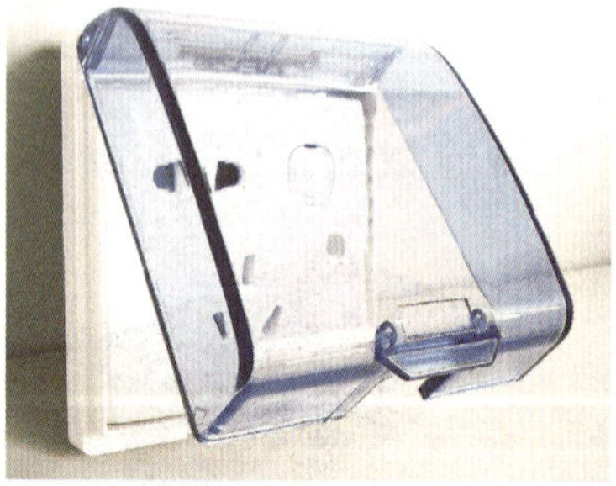

图2-59　插座防水盖板

在潮湿空间应选用带有防水盖板的插座，或在墙面已有的插座上加装防水盖板，在容易溅到水的地方，如厨房水盆上方，或卫生间，需要安装此面板来保证安全。

片与接线端子，优质产品的铜材应该为紫铜，颜色偏红，质地厚重；劣质产品多采用黄铜，偏黄色，质地软且易氧化变色。伪劣开关插座面板中多采用镀铜铁片，鉴别是否为镀铜铁片的原理很简单，能被磁铁吸住的就是铁片，采用镀铜铁片的产品极易生锈变黑，具有安全隐患（图2-62、图2-63）。

6. 电路构造设计

电路改造与布置十分复杂，涉及强电与弱电两种电路，强电可以分为照明、插座、空调电路，弱电可以分为电视、网络、电话、音响电路等，改造与布置方式基本相同（图2-64~图2-68）。

弱电是指电压低于36V的传输电能，主要用于信号传输，电线内导线较多，传输信号时容易形成电磁脉冲。弱电施工的方法与强电基本相同，同样也应当具备详细的设计图纸作指导（图2-69）。

图2-60 观看表面

面板的材料主要有PC（防弹胶）与ABS（工程塑料）两种之分，PC材料的颜色为象白牙，ABS材料的颜色为苍白；劣质产品多采用普通塑料，颜色较灰暗，低档产品多以ABS材料居多，而中高档的产品基本上都采用PC材料。

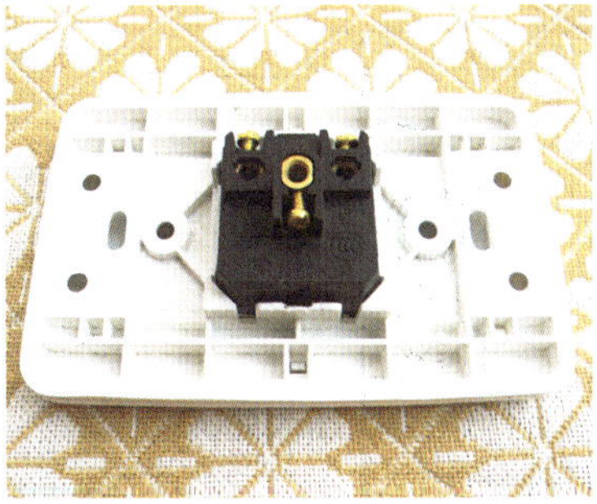

图2-61 仔细观看面板的背部与内部

面板背部的功能件上应该标有产品电气性能参数。正规厂家生产的产品上都标明额定电压和电流、电源性质符号、生产厂名、商标与3C标志，带接地极的插座要有接地符号。

图2-62 插入插头

感受插头和插座的连接度，以及拔出插头时的难易程度。

图2-63 观察触点

仔细观察背部触点，查看其是否平齐，且没有错位，并检查弹簧。开关插座面板的质量核心在于开关触点，即导电片，通常应该采用银铜复合材料制作，这样可以防止启闭时引起氧化。

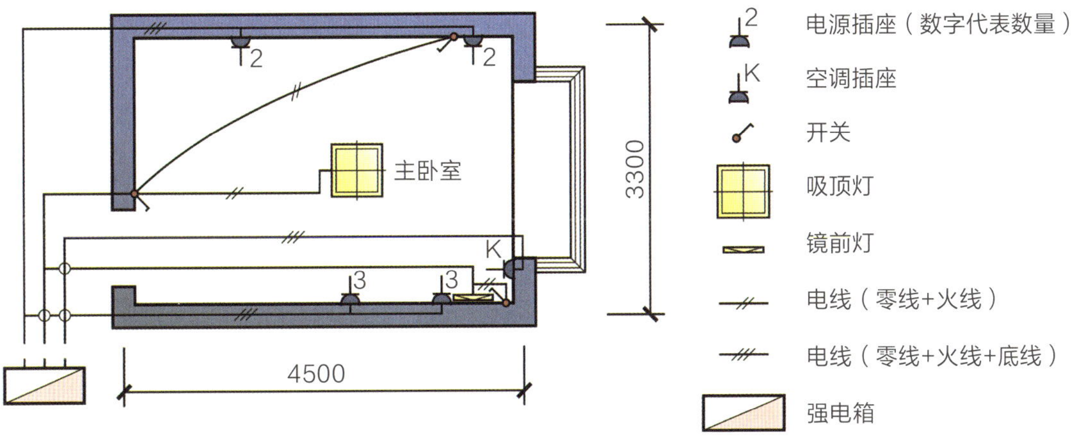

图2-64 主卧室强电布置示意图

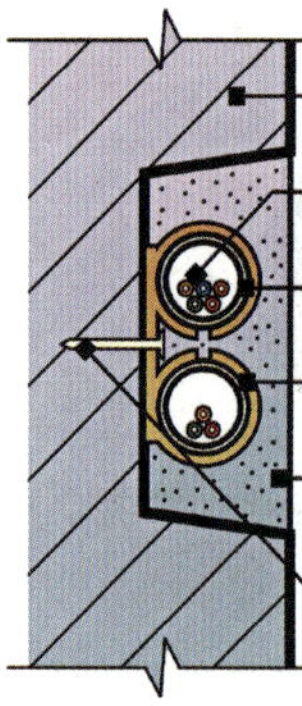

图2-65　穿线管布设构造示意图

PVC穿线管布设和PPR管布设有异曲同工之处，施工时注意调配好水泥砂浆的比例。

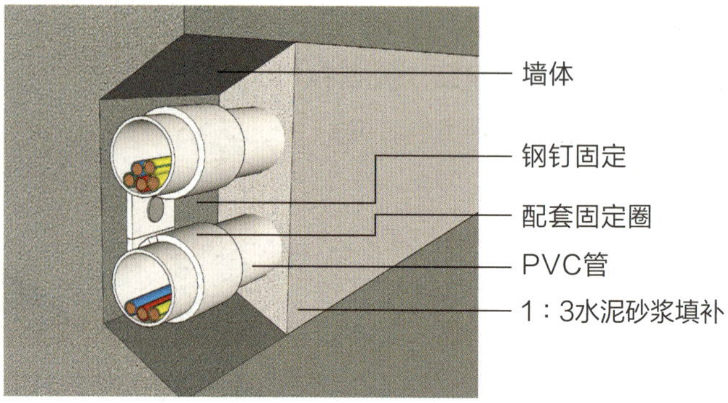

图2-66　PVC穿线管布设构造三维图

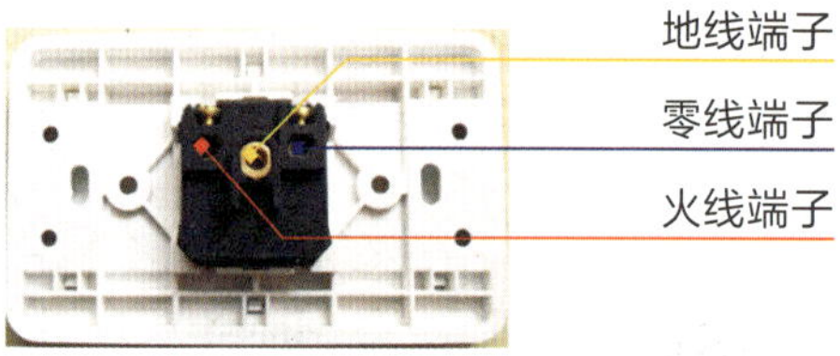

（a）插座正面

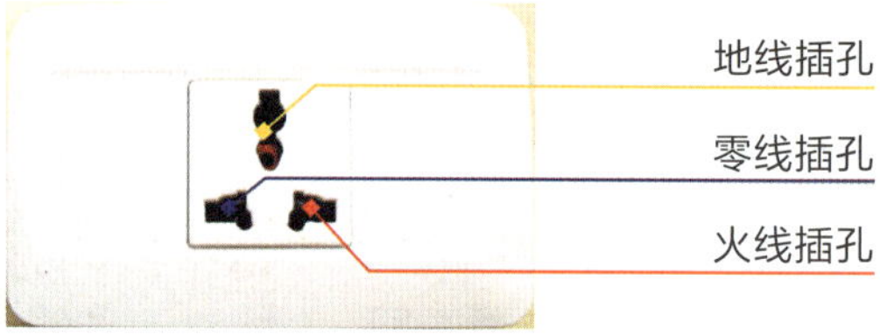

（b）插座背面

图2-67　普通插座接线示意图

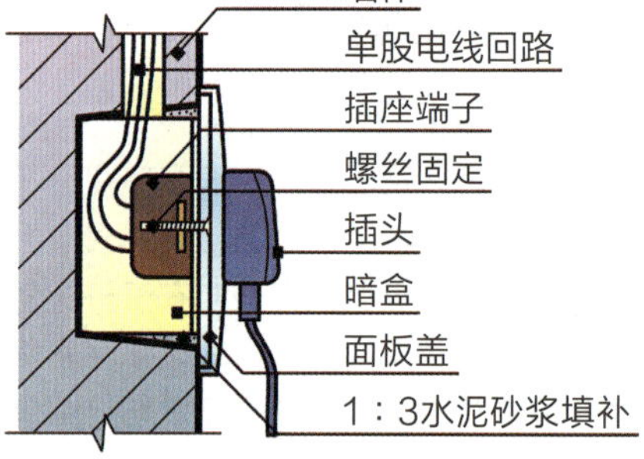

图2-68　开关插座面板安装构造示意图

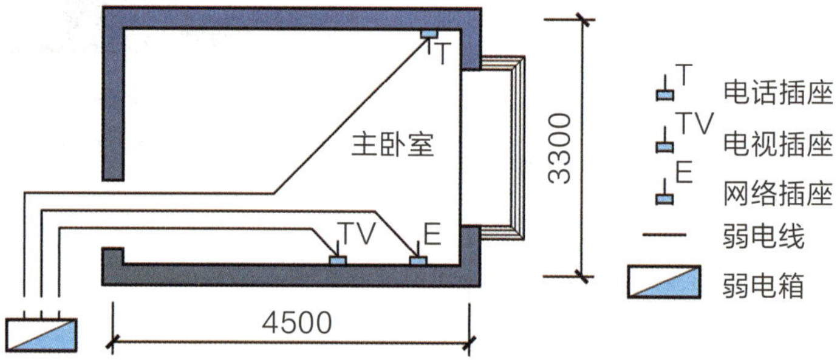

图2-69　主卧室弱电布置示意图

7. 电路施工方法

在电路施工中，穿线管尽量不要破坏暗盒的结构，否则容易导致预埋时盒体变形，对面板的安装造成不良影响，同时在穿管、穿线的施工中，应当注意暗盒的预留孔是否会对电线造成损伤。

（1）根据完整的电路施工图现场草拟布线图，并使用墨线盒弹线定位，在墙面上标出线路终端插座、开关面板位置，绘制结束后对照图纸检查是否有遗漏（图2-70）。

补充要点

电路安装避免发热

在安装电路时，不能将过多电线穿入同一根穿线管中，一根穿线管内部只能存在一个回路，即包含一根火线、一根零线、一根地线，如果有其他回路应当另用一根穿线管，否则用电高峰期会导致电线发热，造成线路老化，散发出刺鼻气味，污染室内环境。

（2）埋设暗盒及敷设PVC电线管时，要将单股线穿入PVC管，并在顶、墙、地面开线槽，线槽宽度及数量根据设计要求来定（图2-71～图2-75）。

（3）安装空气开关、各种开关插座面板、灯具，并通电检测（图2-76～图2-78）。

（4）根据现场实际施工状况完成电路布线图，备案并复印交给下一工序施工员。

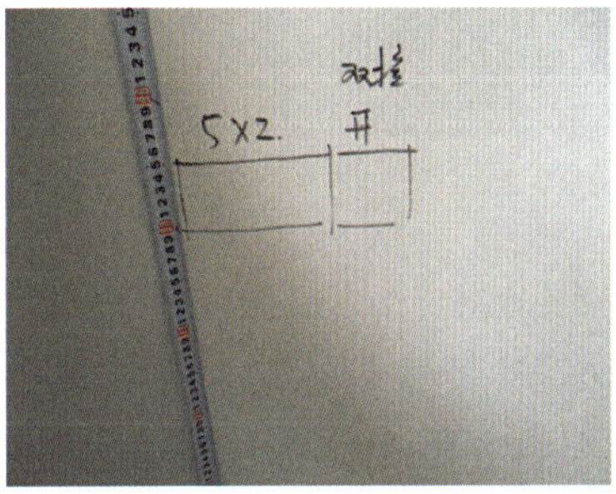

图2-70　精确测量尺寸并做好相关记录

电路敷设前需要在墙面标出开关插座位置，标记时应当随时采用卷尺校对高度，并用记号笔做以记录。

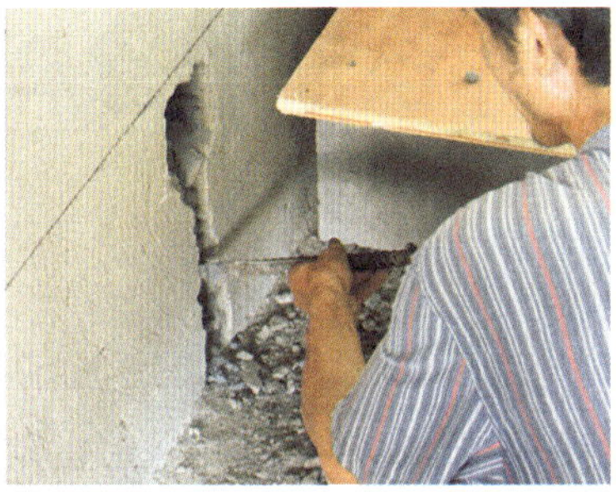

图2-71　开凿线槽

由于电线管较细，采用切割机开设管槽可以较浅，不破坏砖体结构。

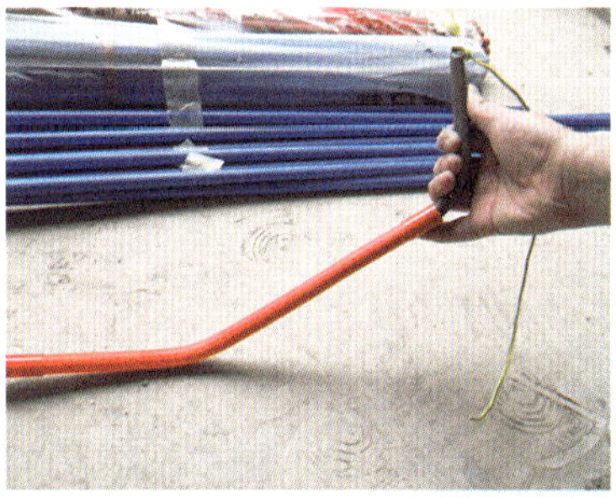

图2-72　用弯管弹簧将穿线管整弯

将弹簧穿入线管中，然后用手直接将管道掰弯即可得到转角形态。

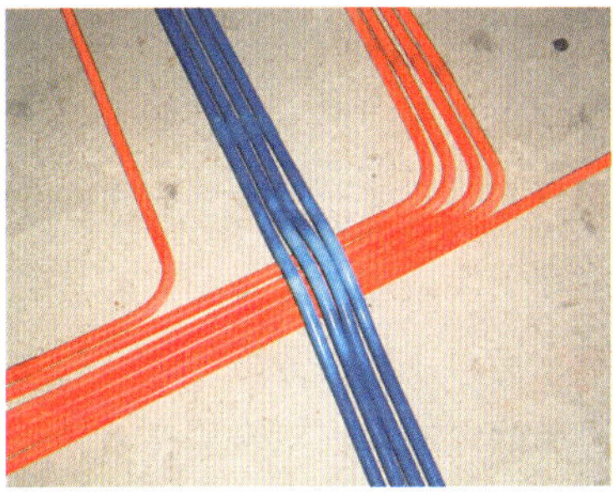

图2-73　严格布管

敷设线路时要注意线管上下层交错的部位应当减少，尽量服帖，不能留空过大。

图2-74　安装暗盒并穿线并填补水泥

暗盒安装时保持平整，电线在线盒内应当蜷缩整齐，预留长度为150mm。

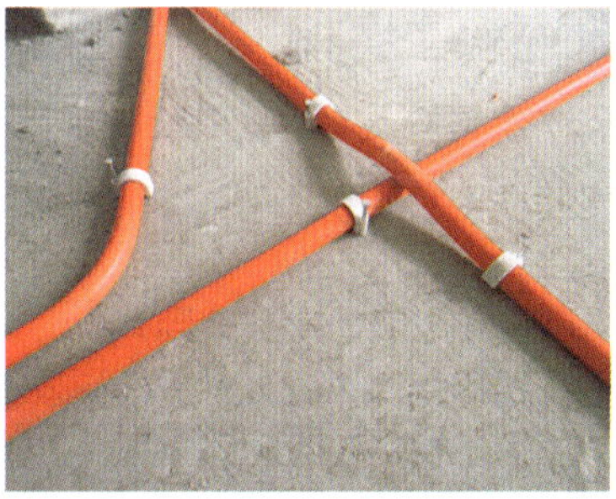

图2-75　固定穿线管

线管布置完毕后应当及时固定，采用专用线管卡固定至墙地面上。

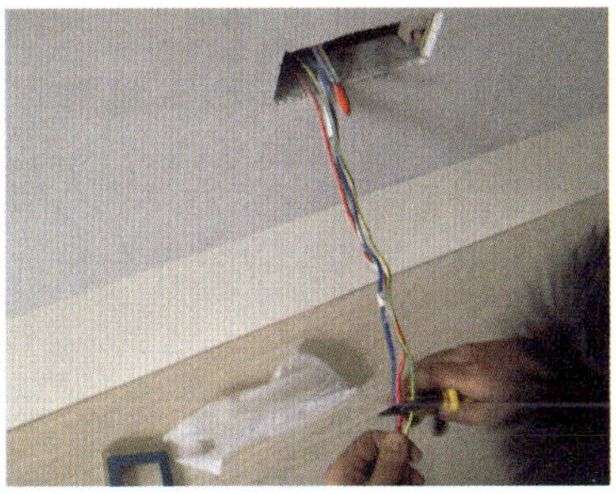

图2-76　修剪电线端头

穿入配管导线的接头应设在接线盒内，线头要留有余量约为150mm，接头搭接应牢固，线路并线时，铜芯缠绕后应当用焊锡浸泡，充分融合后绝缘带包缠应均匀紧密。

图2-77　连接开关插座面板背后电线

采用剪下的电线进一步加工为较短且规整的短线，用于连接开关插座面板背后的接线端子。

图2-78　盖上面板并通电测试

固定安装开关插座面板的，保持水平状态。

第三节　防水涂料

防水涂料是指涂刷在装修构造或建筑表面，与空气接触后反应形成一层薄膜，使被涂装表面与水隔绝，从而起到防水、密封的作用，其涂刷的黏稠液体统称为防水涂料。

防水涂料适宜在立面、阴阳角、穿结构层管道、凸起物、狭窄场所等细部构造处进行防水施工，能在这些复杂部件表面形成完整的防水膜。防水涂料施工操作简便，劳动强度低，经固化后形成的防水薄膜具有一定的延伸性与耐候性，能起到防水、防渗作用。

一、防水涂料品种

1. 溶剂型防水涂料

溶剂型防水涂料的主要成膜物质是高分子材料，将溶解于有机溶剂中成为溶液，涂料通过溶剂挥发，经过高分子物质分子链接触、搭接等过程而结膜。溶剂型防水涂料干燥快，结膜较薄且致密，生产工艺简易，稳定性较好，但是易燃、易爆、有毒。

2. 水乳型防水涂料

水乳型防水涂料的主要成膜物质是高分子材料与微小颗粒稳定悬浮在水中。涂料干燥较慢，一次成膜的致密性较溶剂型涂料低，一般不宜在5℃以下施工。水乳型防水涂料通过水分蒸发，经过固体微粒接近、接触、变形等过程而结膜，无毒，不燃，生产、贮运、使用比较安全，操作简便，不污染环境。

3. 反应型防水涂料

反应型防水涂料的主要成膜物质是高分子材料，以液态形状存在。涂料通过液态的高分子聚合物与相应物质发生化学反应，变成结膜，无收缩，涂膜致密，价格较贵。反应型防水涂料的弹塑性和抗裂性能都很不错，同时对于温度变化的适应度也很强。

4. 硅橡胶防水涂料

硅橡胶防水涂料具有较好的渗透性、成膜性、耐水性和弹性，并能在干燥或潮湿而无明水的基层进行施工。硅橡胶防水涂料以水为分散介质，在生产与施工时无刺激性异味、无毒，不污染环境，安全可靠，容易形成连续、弹性、无缝、整体的涂膜防水层。硅橡胶防水涂料是以硅橡胶乳液和其他高分子聚合物乳液的复合物为主要原料，掺入适量的化学助剂和填充剂等，均匀混合配制而成的乳液型防水涂料。

硅橡胶防水涂料涂膜的拉伸强度较高、断裂延伸率较大，对基层伸缩或开裂变形的适应性较强，且耐候性好，使用寿命较长。硅橡胶防水涂料是目前最普遍、最环保的防水涂料。

在挑选防水涂料时要注意优质的防水涂料外部包装颜色鲜明、字迹清晰不模糊，且规范标出生产日期、使用年限、名称以及产地等。

二、防水涂料的危害

防水涂料是装饰施工不可缺少的材料，防水涂料主要是对厨房、卫生间等经常性存在水环境的使用场所进行防水处理（图2-79）。

防水涂料只能用来涂刷地面、墙面等建筑界面，不能用来辅助密封管道接口，否则一旦管道有泄漏，防水涂料会渗透到管道中，对生活用水造成污染。

含有焦油成分的防水涂料，由煤焦油或含有部分煤焦油的原材料制成，挥发出来的焦油具有刺鼻气味，同时由于焦油气的相对分子质量比较大，容易在空气不流通的室内环境中沉积，短时间内过多地吸入焦油气会导致快速中毒死亡。采用有机溶剂为稀释剂的防水涂料，有机溶剂多为甲苯、二甲苯等有毒物质，由于防水涂膜表面致密，溶剂需要很长时间才能挥发完毕。施工结束后，污染物质会在一定时间内释放，长时间小剂量吸入焦油气和苯能够引起呼吸道疾病以及头晕、恶心，以致引发癌症等。

三、正确选择防水涂料

并不是所有防水涂料都有危害，有危害的仅是一小部分，下面介绍如何挑选安全环保的防水涂料。

1. 闻气味

焦油具有强烈的刺鼻气味，所以气味大的防水涂料毒性会较强。使用之后会长期的挥发苯等致癌物，所以气味大的防水涂料一定不能用在室内。

2. 看品牌

选择防水涂料时要尽量选择知名品牌。防水涂料是否有毒害，要看原材料有没有添加一些有毒成分。防水涂料中的几种主要成分有水、颜料、填充剂和各种助剂，这些材料一般不会对人体造成伤害（图2-80）。

四、防水涂料构造设计与施工

给排水管道安装完毕后，就需要开展防水施工，所有毛坯建筑的厨房、卫生间、阳台等空间的地面原来都有防水层，但是所用的防水材料不确定，防水施工质量不明确，因此应当重新检查并制作防水层（图2-81）。

下面主要介绍三种室内防水涂料施工方法，另外补充一种室外防水卷材的构造设计与施工方法。

图2-79　卫生间防水涂料

卫生间墙面防水处理大约要做300mm高，以防积水渗透墙面返潮，如果卫生间有淋浴房应将防水做到1800mm，如果有浴缸，与浴缸相邻的墙面防水高度应比浴缸高出300mm。

图2-80　小作坊生产的防水涂料

小作坊的产品无生产日期、无质量合格证以及无生产厂家，涂刷之后容易开裂、起泡、脱落。

正规厂家生产的防水涂料上生产地址、生产厂家、生产日期等都标配齐全，且有据可查，购买放心、使用安心。

1. 室内聚氨酯防水涂料施工

聚氨酯防水涂料的防水效果较好，耐久性较高。室内防水施工主要适用于室内各种空间，施工界面为地面、墙面等水分容易附着的界面上（图2-82、图2-83）。

（1）将墙地面清扫干净，保持界面平整、牢固，对凹凸不平及裂缝采用1：2水泥砂浆抹平，对防水界面洒水润湿（图2-84）。

（2）选用优质防水浆料，按产品包装上的说明与水泥按比例准确调配，调配均匀后静置20min以上（图2-85）。

（3）对地面、墙面分层涂覆，根据不同类型防水涂料，须涂刷2～3遍，涂层应均匀，间隔时间应大于12h，以干而不粘为准，总厚度约为2mm（图2-86～图2-88）。

（4）经过认真检查，局部填补转角部位或用水率较高的部位，待干（图2-89、图2-90）。

（5）使用素水泥浆将整个防水层涂刷1遍，待干（图2-91）。

（6）采取封闭灌水的方式，进行检渗漏实验，如果48h后检测无渗漏，方可进行后续施工（图2-92）。

2. 室内聚合物防水涂料施工

聚合物防水涂料施工操作简单，运用广泛，材料拌和、涂刷手法等技术要领与聚氨酯防水涂料相似，其中核心就在于均匀且充分的搅拌与平顺的滚涂技法（图2-93）。

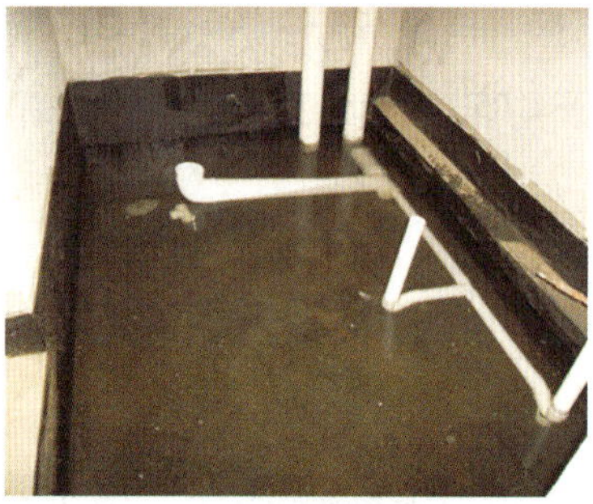

图2-81　检查原始防水层

对原有防水层进行试水检测，将整个卫生间浸泡48h，到楼下观察，如不渗水则可以继续施工，如有渗水，应及时联系物业管理方维修。

图2-82　沥青防水层

聚氨酯防水涂料的结膜度高，防水效果好，施工后等待时间短，但是挥发性较强，气味难闻，对环境有一定污染。

图2-83　水泥基防水层

硅橡胶防水涂料需要掺入水泥粉末，比例应严格控制，无刺鼻气味，干燥时间较长，对施工工艺要求更严格。

图2-84　基层处理

对即将涂刷防水涂料的部位进行基层处理，并拆除原有防水层。

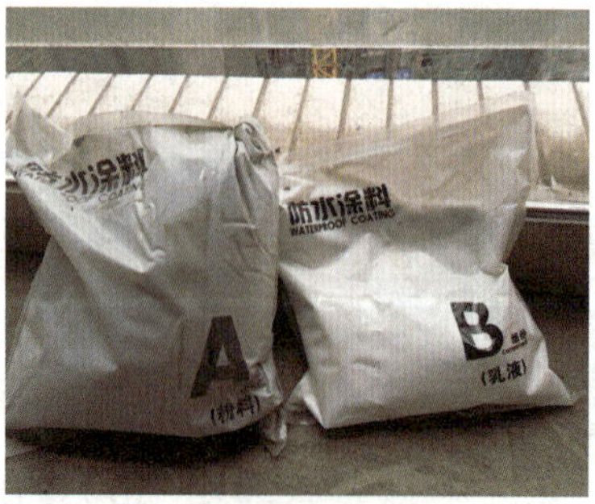

图2-85　聚氨酯防水涂料

聚氨酯防水涂料为A、B两部分，使用时应按包装说明调配，充分反映后使用。

图2-86　涂刷破损部位

仔细涂刷受到破损的边角部位，待完全干燥后再涂刷平整面。

图2-87　涂刷新筑构造

涂刷防水涂料时要特别强化新筑构造的边角部位，结膜层可以适度加厚。

图2-88　涂刷排水管底部

拆除原有防水层部位应涂刷防水涂料两遍以上，可见整个排水管覆盖。

图2-89　整体涂刷

回填后的卫生间应当重新涂刷防水涂料，墙面涂刷高度应当达到300mm以上。

图2-90　排水管边缘涂刷

排水管周边应当涂刷防水涂料3遍以上，防止产生裂缝。

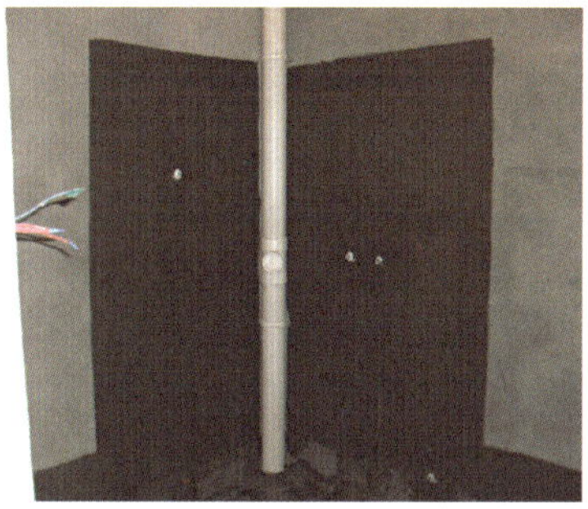

图2-91　淋浴区墙面涂刷

在卫生间淋浴区，墙面涂刷高度应达到1800mm以上，宽度每边应达到1200mm以上。

图2-92　涂刷完毕试水

防水涂料施工完毕后，应当再次湿水浸泡48h，并到下层空间查看是否出现漏水渗水。

（a）将粉料与液料包装打开分别倒入桶中

（b）均匀搅拌并静置20min

（c）在墙面标记防水涂刷范围

（d）整体墙地面淋水浸湿

（e）竖向滚涂防水涂料

（f）横向滚涂防水涂料

图2-93　室内聚合物防水涂料施工方法（一）

（g）刷涂边角部位

（h）仔细刷涂墙地面转角部位

（i）用堵漏王粉浆填补管道外口边缘

（j）地面泼洒后滚涂

（k）一直滚涂至防水空间以外300mm

（l）整体修补后试水

图2-93　室内聚合物防水涂料施工方法（二）

聚合物防水涂料全面涂刷要达到3遍，最后一遍完成后待完全干燥3天以上再试水检测，试水检测时间要达到3天，到楼下观察是否有漏水渗水现象。当一切都完好无漏再进行后续铺贴瓷砖等施工。

3. 室内防水剂施工

防水剂施工最简单易懂，材料与工具能随时随地购买，适用于非专业人员解决日常生活中的各种防水问题。适用于已经铺贴了瓷砖的墙地面（图2-94）。

防水剂防水涂料是目前最环保、最无污染的防水材料，适用于装修结束后强化防水层，与基础防水层起到双重保护作用。

4. 室外防水卷材构造设计与施工方法

室外防水施工主要适用于屋顶露台、地下室屋顶等面积较大的表面构造，可以采用防水卷材进行施工，建筑屋顶露台与地下室屋顶已经做过防水层，因此在施工时应避免破坏原有防水层（图2-95～图2-98）。

如果在防水界面进行开槽、钻孔、凿切等施工，一定注意修补防水层。防水卷材多采用聚氨酯复合材料，将其对屋顶漏水部位作完全覆盖，最终达到整体防水的目的。这种方法适用于漏水点多且

（a）将防水剂包装打开倒入容器中

（b）均匀搅拌并静置20min

（c）注入喷壶对墙面进行喷洒

图2-94　防水剂施工方法（一）

（d）墙面聚集水珠即可

（e）对于凸凹不平的墙面刷涂

（f）对墙地面转角处强化喷洒

（g）再次刷涂墙地面转角处

（h）再次均匀刷涂在瓷砖缝隙处

（i）淋浴区地面可直接倒入浸泡

图2-94 防水剂施工方法（二）

无法找出准确位置的建筑屋顶，或用于屋顶女儿墙墙角整体防水修补（图2-99～图2-101）。

（1）察看室外防水可疑部位，结合室内渗水痕迹所在位置，确定大概漏水区域，并清理屋顶漏水区域内的灰尘、杂物，用钉凿将漏水区域凿毛，将残渣清扫干净（图2-102～图2-104）。

（2）将部分聚氨酯防水卷材加热熔化，均匀泼洒在凿毛屋顶上，并赶刷平整，将聚氨酯防水卷材覆盖在上面并踩压平整（图2-105～图2-107）。

（3）在卷材边缘涂刷1遍卷材熔液，将防裂纤维网裁切成条状粘贴至涂刷处（图2-108、图2-109）。

（4）待卷材边缘完全干燥后，再涂刷2遍卷材熔液即可（图2-110）。

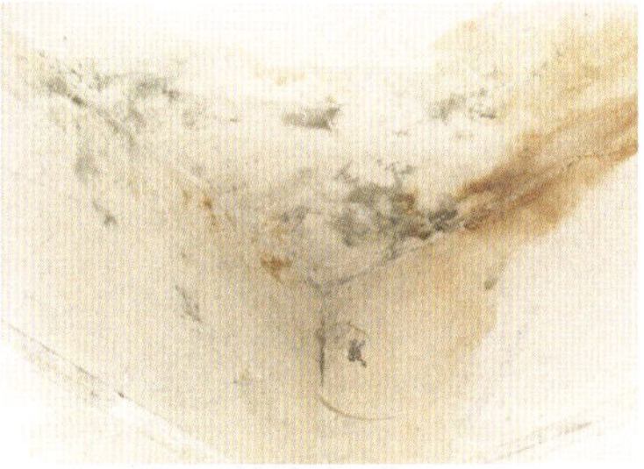

图2-95 室内顶面渗水部位

屋顶平台渗水至室内房间，会有明显水迹，严重污染室内环境。

图2-96 屋顶平台防水层开裂

屋顶平台防水层开裂是渗水、漏水的原因所在。

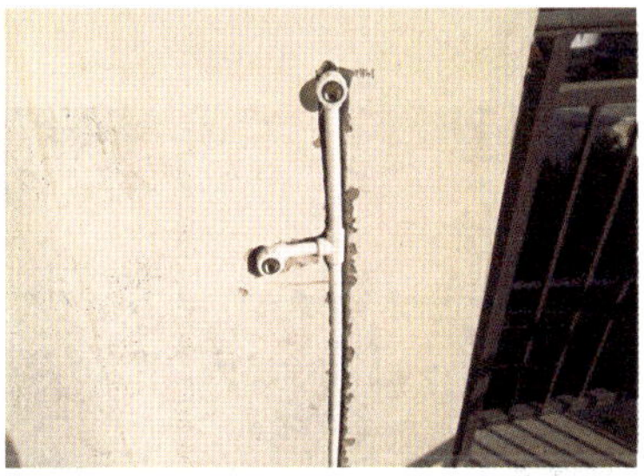

图2-97 外墙开槽

在外墙上开设管槽会破坏墙面防水层或防潮层，导致室内漏水、渗水。

图2-98 地面开槽

室内外交界部位的管道凹槽会破坏原有防水层，这会导致室内漏水、渗水。

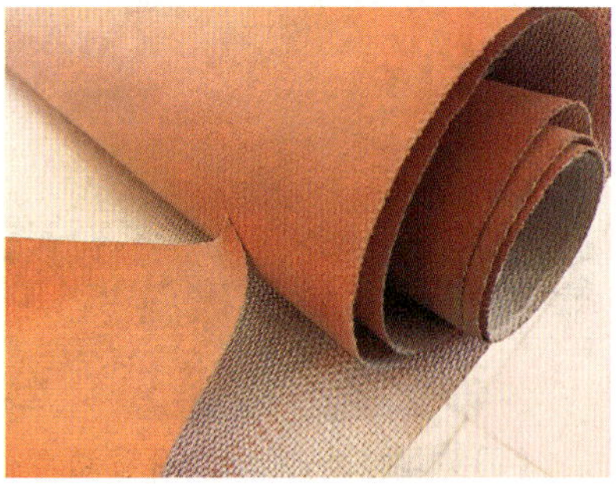

图2-99　聚氨酯防水卷材

聚氨酯防水卷材是一种遮布状防水材料，宽0.9～1.5m，成卷包装，可裁切销售，既可用于粘贴遮盖漏水屋顶，又可加热熔化作涂刷施工，是一种价格低廉、使用多元化的防水材料。要提高防水卷材的耐久性应当注意保护好施工构造表面，施工完毕后不随意踩压，表面不放置重物，或钉接安装其他构造，发生损坏应及时维修。户外防水卷材保养得当，一般可以保用5年以上。聚氨酯防水卷材的综合铺装费用为100～150元/m^2。

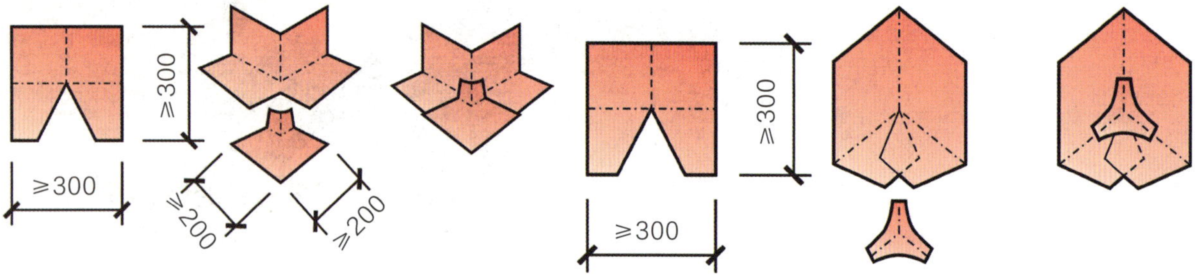

（a）阳角卷材铺贴　　（b）阴角卷材铺贴

图2-100　防水卷材阳角与阴角处理示意图

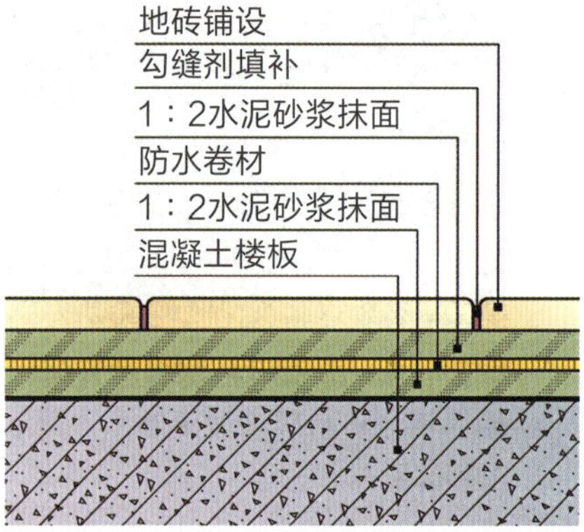

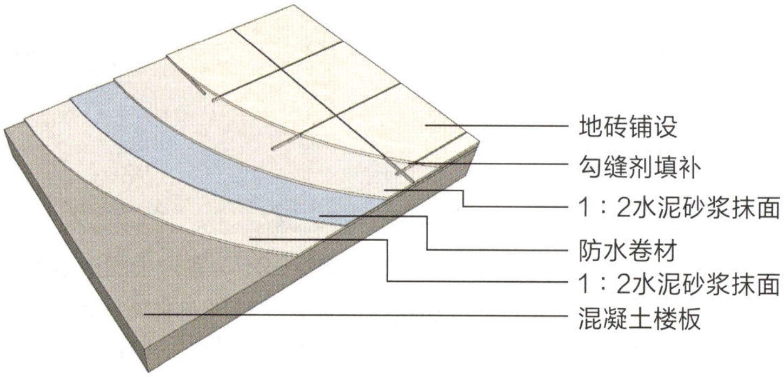

图2-101　防水卷材施工构造示意图

图2-102　拆除现有防水层

仔细拆除原有防水层，否则铺装防水层后会提高地面基础高度，形成倒坡，使户外雨水回流至室内。

图2-103　拆除墙面装饰材料

发现墙面渗水情况后应及时拆除外墙装饰材料，并待制作防水层后再重新铺装墙面装饰材料。

图2-104　清洗基层界面

仔细清洗制作即将要制作防水层的界面，可以涂刷2遍防水剂。

图2-105　局部刮涂防水涂料
查找到漏水、渗水部位后，可以针对确切位置在局部刮涂聚氨酯防水涂料。

图2-106　防水卷材阳角与阴角铺装
在户外转角构造仔细粘贴防水卷材，务必要环绕紧密。

图2-107　防水卷材铺装
铺装大面积防水卷材时应当严格对齐，避免铺装材料浪费。

图2-108　焊接缝隙
采用烤枪对防水卷材进行热熔焊接时，要及时粘贴均匀，无任何缝隙。

图2-109　焊接女儿墙
女儿墙等转角幅度较大的部位可用明火进行焊接。

图2-110　施工完毕
防水卷材施工完毕后应养护7天以上，期间应避免踩压或湿水。

第四节　固化剂

水泥地面找平层并不坚实，存在跑砂现象，固化剂采用高分子聚合物并经过多道工序复合而成，高分子聚合物能渗透水泥地面，能牢牢封锁水泥墙、地面的松散颗粒，使地面形成紧密一体，便于装饰材料与墙、地面的密切结合。

一、地面固化剂

地面固化剂是一种专用于水泥地面上的涂料。地面固化剂耐水、防潮，可以避免木地板受潮气侵蚀而产生的变形。地面固化剂由基料、填料、助剂复配而成，基料为高分子胶原剂、着色粒子，填料为聚合物微粉，助剂为润湿分散剂、流平剂等。地面固化剂产品有多种颜色，主要以绿色、蓝色、红

图2-111　彩色地固涂料
彩色地固涂料能有效区分界面部位，表明涂刷的厚薄程度与次数。

色为主，涂刷在地面上具有颜色鲜艳，色彩分布均匀，遮盖力强等特点，干燥后不掉粉、不掉色，可随意清扫（图2-111）。

二、墙面固化剂

墙面固化剂具有优异的渗透性，能充分浸润墙体基层材料表面，提高界面附着力，提高灰浆或腻子和墙体表面的粘接强度，能有效防止空鼓，适用于砖混墙面抹灰或批刮腻子前基层的密实处理。使用墙面固化剂前要将基层表面处理干净，确保基层表面坚实、无浮灰和油渍等现象。

墙面固化剂由于涂布方便，胶膜薄，初黏性适宜，特别适宜墙布和壁纸的粘接，不易产生死褶和鼓包。此外，还具有优异的渗透性，能充分浸润基材表面，使基层密实，提高光滑界面的附着力（图2-112、图2-113）。

三、使用注意事项

聚氨酯固化剂分为单组分聚氨酯固化剂和双组分聚氨酯固化剂。单组分产品只有一个包装容器，打开即可直接用，简单快捷，但是性能一般，适用于小面积修补或临时使用。双组分产品是指在运输包装时，固化剂的被分为两个包装，在使用时将两者进行混合，这样能发挥材料的最大特性，施工时能保证稳定的质量。

图2-112　黄色墙固涂料
墙面固化剂同样拥有多种色彩可选，使用时要注意涂刷均匀，以便后期涂刷乳胶漆。

图2-113　墙面铺贴墙纸
墙面固化剂也适用于墙布和壁纸的粘接。由于涂布方便，胶膜薄，初黏性适宜，特别适宜墙布和壁纸的粘接平整，不易产生死褶和鼓包。

1. 用法用量

待固化剂涂抹干透或造毛养护干燥后即可开始抹灰或批刮腻子，用1∶1水泥砂浆加入水泥胶浆，将其抹在瓷砖背面找平压实，砂浆自上而下进行，随时用靠尺检查平整度。粘贴墙布和壁纸时如觉黏度高可加少量水稀释，用墙固造毛不得加水使用。平均1kg墙固可涂刷10m^{2}一遍，实际用量由施工中多种因素影响而定。

2. 储存与施工

墙面固化剂储存在5～40℃阴凉通风处，严禁曝晒和受冻，保质期12个月，产品无毒不燃。施工温度在5℃以上，未用完的墙面固化剂涂料要注意密封（图2-114）。

图2-114 固化剂涂刷
墙面固化剂以喷涂为主，地面固化剂可以滚涂或泼涂，覆盖要全面，应当在水电基础施工完毕后在涂刷，将水电线槽全覆盖。

图2-115 固化剂混合
地固剂混合时会有小气泡产生，可用商家的样品进行混合，气泡均匀，经搅拌后可沉静的为优质地固。

四、隐藏于固化剂中的危险

单组分聚氨酯固化剂主要有氨酯油、潮气固化聚氨酯、封闭型聚氨酯等品种，应用面不如双组分固化剂广，总体性能不如双组分固化剂全面。固化剂中含有氨气，使用后会随着湿度等环境因素变化而还原成氨气，从地面缓慢的释放出来，造成室内空气中氨的浓度大大增加。

夏季气温较高时，氨气从地面固化剂中释放的速度会较快，可能会造成室内空气中氨浓度严重超标。

五、正确选择固化剂

1. 查看品牌

选择好评度比较高的品牌，售后服务也会相对较好，产品的质量也会有所保障。

2. 查看储存环境

固化剂是不能和其他制剂混合使用的，储存需要分号存放，且要处于阴凉环境中。

3. 查看色泽

固化剂拥有多种颜色，查看各颜色是否纯净，是否有掺杂其他色彩等。

4. 查看环境综合指数

优质固化剂应该具备良好的环保性，可以查看产品表面的参数，确保所选产品为环保、绿色产品（图2-115）。

六、地面固化剂构造设计与施工

建筑底层室内空间为了防潮，应当进行地面固化剂涂刷，二层以上建筑根据实际情况和需要进行涂刷，下面介绍地面固化剂的施工方法（图2-116）。

（a）用吸尘器清理地面灰尘和杂物

（b）地面洒水浸湿

（c）打开包装将粉料和液料混合

图2-116 地面固化剂施工方法（一）

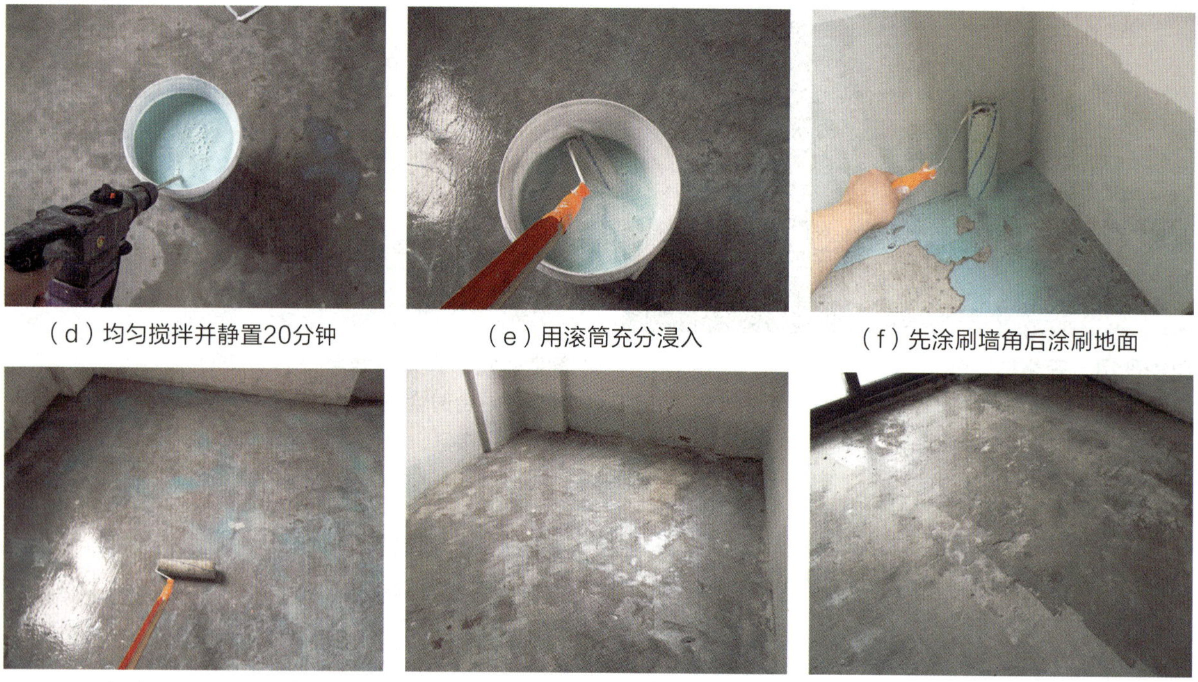

（d）均匀搅拌并静置20分钟　（e）用滚筒充分浸入　（f）先涂刷墙角后涂刷地面

（g）地面涂刷2遍　（h）等待完全干燥　（i）最后涂刷901无醛胶水封闭

图2-116　地面固化剂施工方法（二）

施工完毕后涂刷901无醛建筑胶水封闭地固能有效封闭固化剂中的有害物质，避免向室内渗透污染环境。

本章小结

基础材料都含有的有害物质，这些有害物质包括甲醛、二氯甲烷、氯仿、苯、甲苯等。尤其是混凝土与防水涂料，这些产品毕竟是由化学物质制作的，人的皮肤是不能与它长时间接触。施工后要注意通风，自然挥发3个月后不会给身体造成太大伤害。

★课后练习

1. 混凝土主要用于建筑构造中的那些部位？
2. 混凝土为何添加外加剂？外加剂中有哪些有害物质？
3. 怎样正确识别PP-R管与PVC管的质量与环保性能？
4. 电线的绝缘层是什么材料？高温会对电线造成怎样的影响？
5. 初步考察当地装饰材料市场，找出3～5种知名品牌防水材料，向材料经销商询问施工要点。
6. 咨询身边的人，让他们谈谈对卫生间漏水的看法、态度，以及他们认知的防水方法。
7. 考察多种地固与墙固产品，分析比较两者之间的异同。
8. 考察所在城市中的市政广场上的音乐喷泉，指出水管与电线的布设方式，查阅资料了解音乐喷泉的工作原理。

第三章

人造板材

识读难度： ★★★☆☆

核心概念： 种类、品牌、原料

章节导读

人造板材是装饰材料中使用最频繁的材料，由于各种木质与板材的品种繁多，特性与注意事项也各有不同，为了保证设计效果与施工品质，选择时需要具备一定经验，需要了解各种板材的特性与价格，推动绿色发展，促进人与自然和谐共生，选择合适的板材用于施工（图3-1）。

图3-1　人造板材制作的家具

第一节　木芯板

木芯板又称为细木工板或大芯板，是由两片单板中间胶压拼接木板而成，中间木板为优质天然木料经热处理即烘干室烘干之后，加工成一定规格的木条，由机械拼接而成。木芯板具有质轻、易加工、握钉力好、不变形等优点，是装饰构造与家具制作的理想材料（图3-2、图3-3）。

一、木芯材质种类

木芯板的材种有许多种，如杨木、桦木、松木、泡桐等，其中以杨木、桦木为最好。木芯板的加工工艺分为机拼与手拼两种，手工拼制是用人工将木条镶入夹板中，木条受到的挤压力较小，拼接不均匀，缝隙大，握钉力差，不能锯切加工，只适宜制作部分施工构造的子项目（图3-4、图3-5）。

二、木芯板规格与价格

木芯板的常见规格为2440mm×1220mm，厚度有15mm与18mm两种，其中15mm厚的木芯板市场价格为120元/张，主要用于制作小型家具，如电视柜、床头柜与其他装饰构造，主要用于制作大型家具，如衣柜、储藏柜等。

三、正确选择木芯板

1. 看等级

木芯板按品质分可以分为一、二、三等，直接作饰面板的，应该使用一等板，只用作底板的可以用三等板，一般应该挑选表面干燥、平整，且节子与夹皮少的板材。

图3-2　木芯板
木芯板取代了传统装饰装修中对原木的加工，使施工效率大幅度提高。

图3-3　木芯板截面
木芯板截面纹理清晰，能清楚看出制作工艺，通过截面的平整度和纹理也能判断木芯板的优劣。

图3-4　桦木
桦木质地密实，木质不软不硬，握钉力强，不易变形，很适合制作家具。

图3-5　泡桐木
泡桐的质地轻软，吸收水分大，握钉力差，不易烘干，易干裂变形。

图3-6　腻子遮盖
观察木芯板周边有无补胶、补腻子的现象，胶水与腻子都是用来遮掩残缺部位或虫眼的。

图3-7　木芯板截面
用尺测量侧边厚度，优质板材应当均匀，无变形，如果板材内芯木料的拼接处有明显缝隙，则说明制作工艺不良，甲醛含量高，容易释放量，后期不好作甲醛清除或封闭处理，还是不要购买。

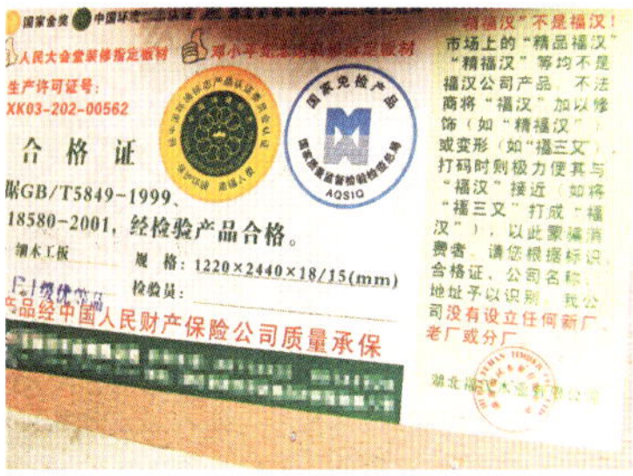

图3-8　产品标签
知名品牌会在板材侧面标签上设置防伪检验电话，以供消费者拨打电话进行验证。

2. 看外观

木芯板一面必须是一整张木板，另一面只允许有一道拼缝，木芯板的表面必须光洁（图3-6）。

3. 看侧面或剖面

可以从侧面或锯开后的剖面检查木芯板的薄木质量和密实度，密实度小的会使板材整体承重力减弱，长期受力不均匀也会使板材结构发生扭曲、变形，影响外观与使用效果（图3-7）。

4. 检查合格证

在大批量购买木芯板时，应该检查产品是否配有检测报告与质量检验合格证等相关质量文件（图3-8）。

5. 闻一闻

将木芯板拦腰锯开，将鼻子贴近木芯板锯开的截面处，仔细闻一闻是否具有强烈的刺激性气味。

6. 抖一抖

将木芯板用双手抬起，上下抖动或左右摇动，仔细辨听是否有木料在内晃动的声音，如果有则说明木板内部缝隙较多、孔洞较大、质量很差。优质木芯板是不会发出这类晃动的声音的。

第二节　生态板

生态板是将具有不同颜色或纹理的纸放入三聚氰胺树脂胶粘剂中浸泡，然后干燥到一定固化程度，将其铺装在木芯板、指接板、胶合板、刨花板、中密度纤维板等板面，经热压而成且具有一定防火性能的装饰板。

生态板一般是由数层纸张组合，数量多少要

图3-9　生态板

生态板有相当高的环保系数，目前使用频率较高，不同级别生态板的价格有所不同。

图3-10　衣帽间的生态板

生态板色彩丰富，选择花纹多，多用于制作衣柜、鞋柜等家具，可以有少许的弧度造型，但曲度不大。

图3-11　橱柜

生态板可用于橱柜或成品家具制作，能取代木芯板等传统木质构造材料。

图3-12　办公家具

生态板可用于制作办公场所中的办公桌，这类家具造型比较简单，色彩可以多变，同时也能满足其环保的功能性需求。

根据用途而定，生态板能使家具外表坚强，制作的家具不必涂饰涂料，表面自然形成保护膜，耐磨、耐划痕、表面平滑光洁，容易清洗（图3-9、图3-10）。

补充要点

生态板名称的由来

生态板是由木芯板演变而来的，它的内部结构与木芯板相同，只是在板材表面增加了装饰层，装饰层不仅起到美观作用，还能起到封闭板材甲醛的作用，表面无须再涂刷油漆，避免了油漆中苯的存在，具有环保理念，因此称为生态板（图3-11、图3-12）。

生态板也有缺点，由于生态板表面覆有装饰层，在施工中不能采用气排钉、木钉等传统工具、材料固定，只能采用卡口件、螺钉作连接，施工完毕后还需在板面四周贴上塑料或金属边条，防止板芯中的甲醛向外扩散。

市场上的生态板种类丰富，质量良莠不齐，价格也不尽相同，其中衫木质地轻软，价格便宜，松木一般是最便宜的白皮松，这类材质要次于优质杉木，至于杨木、桐木属于较高档的材质，很软很轻。

一、生态板规格与价格

生态板的规格为2440mm×1220mm，厚度为15~18mm，其中18mm厚的板材价格为180~250元/张，特殊花色品种的板材价格较高。

二、正确选择生态板

1. 查看品牌标志

正规厂家出产的生态板，在板材一侧都有企业名称与品牌，或是封边的板材，封边扣条上也有刻印的品牌标志。

2. 查看表面光滑度

劣质生态板材表面会比较粗糙，凹凸不平，而优质生态板则十分光滑，且即使用钥匙摩擦板材，表面痕迹也不会很明显（图3-13）。

3. 闻气味

生态板主要可以分为E0级、E1级，E0级甲醛释放量≤0.5mg/L，E1级甲醛释放量≤1.5mg/L，此外对于其他有毒物质散放，E1级板材是基本是闻不到气味的（图3-14）。

4. 查看板材色彩

优质生态板的颜色均匀一致，没有明显色差，也不会出现局部有点状、块状、黑点等不和谐颜色现象，也不会有褪色、起皮开胶等缺陷。

5. 观察板面

除了挑选色彩与纹理外，主要观察板面有无污斑、划痕、压痕、孔隙、气泡，尤其是板面有无鼓泡现象、有无局部纸张撕裂或缺损现象等。

6. 查看是否开裂和鼓泡

生态板材开裂和鼓泡是胶合强度和基材引起的质量问题，开裂说明基材用胶量少，整体比较干燥。

7. 查看固化程度

生态板表面是贴三聚氰胺纸的，三聚氰胺纸是原纸经过三聚氰胺胶浸泡烘干而成的，如果烘干不彻底，就会造成表面不光滑，不好打理（图3-15）。

8. 查看贴牢度

查看装饰纸与生态板材之间的贴合程度，贴合不牢固的，锯开时会有崩边现象，会增加加工难度，也会影响美观（图3-16）。

图3-13 光滑度
将生态板放置在光线稍暗的地方，倾斜板材查看板材表面是否平整光滑，有无明显接缝，用手仔细去摸去感受，光滑感越强的，板材材质越好。

图3-14 闻一闻
将多张生态板材放在一起，嗅闻板材的气味，优质生态板没有刺鼻的气味，如果有刺鼻气味，代表甲醛释放量很高。每个人的嗅觉都是不同的，可以对一块板材让多人闻，就能得到比较准确地判定了。

图3-15 看固化程度
取生态板样品，用鞋油、记号笔涂在板面上，几分钟后看能否完全擦掉，可以擦掉的为优质品。

图3-16 看贴牢度
取生态板样品，用强力胶在小块样品上粘住，并用力拉，看是否能将装饰纸张拉掉，或用手在横切面上用手扣一下，看能否将最上面的装饰纸扣掉，还可以用刀片划切侧壁边缘，看是否容易起皮开裂。

第三节　胶合板

图3-17　胶合板
胶合板可以分为耐气候胶合板、耐沸水胶合板、耐水胶合板和不耐潮胶合板，其中耐水胶合板能有效经受冷水或短期热水浸渍，但不耐煮沸。

胶合板主要用于装饰构造中木质制品的背板、底板，由于厚薄尺度多样，质地柔韧、易弯曲，也可以配合木芯板用于结构细腻处。

胶合板又称为夹板，是将椴木、桦木、榉木、水曲柳、楠木、杨木等原木经蒸煮软化后，沿年轮旋切或刨切成大张单板，这些多层单板通过干燥后纵横交错排列，使相邻两个单板的纤维相互垂直，再经过加热胶压而成的人造板材。

胶合板有幅面大、施工便捷、易弯曲但不翘曲、横纹抗拉力学性好的特点，所以它不仅被用在家具制造、室内装饰等方面，同时在车厢制造、各种军工制造、轻工产品制造等方面都有它的身影（图3-17、图3-18）。

胶合板具有木材的通识优点，如强度高、纹理美观、容重轻、绝缘等，同时克服了木材原有缺点，如幅面小、纵横力学差等。因为它具有这些优点，相较于其他板材而言，使用面更加广泛（图3-19）。

胶合板的各种性能比较好，因此胶合板要比其他各类板材昂贵，一般会用来制作高档家具。

图3-18　胶合板弯曲吊顶
胶合板弥补了木芯板厚度均一的缺陷，曲度较大，用于制作弯曲吊顶时不会有施工难度。

一、胶合板规格与价格

胶合板常见的规格为2440mm×1220mm，厚度为3～22mm，主要用于木质家具、构造的辅助拼接部位与弧形饰面，市场价格根据厚度不同而不等，厚9mm的胶合板价格为50～80元/张。

图3-19　胶合板层数
胶合板通常都做成3层、5层、7层、9层、11层等奇数层数，因为板材要保证最中间构造是板，而不是接缝，否则弯曲后容易开裂。胶合板表层单板称为表板，里层的单板称为芯板，正面的表板称为面板，背面的表板称为背板。

二、正确选择胶合板

1. 观察胶合板的正反两面

胶合板有正反两面区分，一般选择木纹清晰，正面光洁平滑的板材，要求平整无扎手感，板面不应存在破损、碰伤、硬伤、疤节、脱胶等疵点（图3-20）。

2. 观察剖切面

仔细观察胶合板的截面，注意部分胶合板是将两张不同纹路的单板贴在一起制成的，所以在选择上要注意板材拼缝处应严密，要求没有高低不平等现象（图3-21）。

3. 听声音

可敲击胶合板的各部位，若声音发脆则证明质量良好，若声音发闷则表示板材已出现散胶的现象。

4. 看等级

市面上的胶合板主要是分为四个等级，其中一等、二等和三等比较常见，特等一般比较少见。

（1）特等。适用于高级建筑装饰，高级家具及其他特殊需要的制品。

（2）一等。适用于较高级额建筑装饰，高、中级的家具制造、各种电器的外壳保护材料制造等。

（3）二等。适用于制作家具、普通的建筑制造，普通的建筑内部装修以及车辆、船舶等物的内部装修。

（4）三等。适用于物流快递包装材料等。

补充要点

装饰单贴面胶合板的选择

胶合板具有不少的花色品种，主要为原来胶合板的板面上贴上一薄层装饰单板薄木，称为装饰贴面胶合板。天然木质饰面板价格较高，虽然材质无污染，但是后续施工需要涂刷涂料，存在污染（图3-22、图3-23）。

图3-20 平抚板面

取胶合板样品，用手平抚板面，感受表面触感，没有刺感和粗糙感的属于优质胶合板，劣质的胶合板容易开裂，触感不佳。

图3-21 胶合板截面质量

如果条件允许，应该将板材剖切，仔细观察剖切截面，优质胶合板单板之间均匀叠加，不应有交错、裂缝、腐朽、变质等现象。

图3-22 装饰单贴面胶合板

人造饰面板是PVC印刷层来覆盖板材表面，可以不刷油漆，避免了二次污染。

图3-23 装饰单贴面胶合板用于衣柜

装饰单贴面胶合板用于衣柜等家具的内部贴墙板，板材与墙体发生接触，当板材收到墙体潮湿时不会发生较大变形和膨胀，厚度为6～8mm，相对于木芯板和生态板而言很薄，不占用柜体内部空间。

第四节　纤维板

制造纤维板的原料十分丰富，如木材采伐加工的剩余物、稻草麦秸、玉米秆、芦苇等灌木或乔木都可以成为制造纤维板的原材料，因此纤维板是一种能有效节省木材资源的人造板材。

纤维板是人造木质板材的总称，又称为密度板，是以木质纤维或其他植物纤维为主要原料，经破碎浸泡、纤维分离、板坯成型和干燥热压等工序制成的一种人造板材。纤维板适用于家具制作，现今市场上所销售的纤维板都会经过二次加工与表面处理，外表面覆有彩色喷塑装饰层，色彩丰富多样，可选择性强（图3-24、图3-25）。

一、纤维板规格与价格

纤维板的规格为2440mm×1220mm，厚度为3~25mm不等，常见15mm厚的中等密度覆塑纤维板价格为80~120元/张。

二、纤维板分类

纤维板按照其表观密度不同，可分为硬质纤维板、半硬质纤维板和软质纤维板这三种。

1. 硬质纤维板

硬质纤维板的表观密度大于800kg/m^2，其结构均匀、强度较高、耐磨性好、易于加工，可替代薄木板用于室内墙面、天花板、地面和家具制造等。硬质纤维板又分为很多种，具体种类如下（表3-1）。

2. 半硬质纤维板

半硬质纤维板的表观密度为400~600kg/m^2，其表面光滑、材质细腻、结构均匀、加工性好，与其他材料的粘接能力较强，是制造家具的良好材料，在装饰工程中主要是用于家具、隔断、隔墙和地面等（图3-26）。

图3-24　纤维板
纤维板表面经过压印、贴塑等处理方式，可以被加工成各种装饰效果，被广泛应用于家具贴面、门窗饰面与墙顶面装饰等领域。

图3-25　纤维板家具
中、硬质纤维板可替代常规木芯板，制作衣柜、储物柜时可以直接用作隔板或抽屉壁板，使用螺钉连接，无须贴装饰面材，简单方便。

图3-26　纤维板做隔断
半硬质纤维板因为它制造来源广泛、制造工艺简单且成品光滑、结构均匀所以十分适合用来做室内装饰隔断。

表3-1　硬质纤维板的分类

序号	分类方法	品种名称	特征
1	按原料分类	木质纤维板	由木质纤维加工制成的纤维板
		非木质纤维板	由竹材和植物纤维加工制成的纤维板
2	按光滑面分类	一面光滑纤维板	一面光滑、另一面有网痕的纤维板
		两面光滑纤维板	具有两面均光滑的纤维板
3	按处理方式分类	特级纤维板	指施加增强剂或浸油处理的纤维板
		普通纤维板	指未进行任何特殊加工处理的纤维板
4	按外观质量分类	特级纤维板	可分为一、二、三、四等级
		普通纤维板	可分为一、二、三等级

3. 软质纤维板

软质纤维板的表观密度小于400kg/m^2，其结构松软、吸水率高，但吸引能力和保温性能好，是一种良好的保温、隔热、吸音材料，一般多用于吊顶构造。

三、正确选择纤维板

1. 检查防水性能

如果条件允许，可锯下一小块中密度纤维板放在水温为20℃的水中浸泡24h，观其厚度变化，同时观察板面有没有小鼓包出现。如果厚度变化大，板面有小鼓包，说明板面防水性差。

2. 看颜色

优质纤维板颜色一般较白或偏黄，如果发现颜色发黑褐色，可能会存在质量问题。

3. 看横截面

优质纤维板的横截面中心的木屑颗粒长度一般为5~10mm，太长的结构疏松，太短的抗变形力差，会导致弯曲强度不达标。

4. 看外观

通过查看纤维板的外观，可以很清楚、直观地感受到纤维板的表面色泽和平整度，优质纤维板材表面色泽一般都比较光亮，也比较平整（图3-27）。

5. 嗅闻

优质的纤维板甲醛含量极低是没有刺鼻气味的，甲醛是没有颜色，有刺激性气味的气体，但是浓度过低也是闻不到的（图3-28）。

图3-27　平整的纤维板
优质板材表面平整，厚度、密度均匀，边角没有破损，没有分层、鼓包、碳化等现象，无松软部分。

图3-28　鼻子嗅闻
贴近板材用鼻子嗅闻，气味越大说明甲醛释放量越高，造成的污染也就越大。

第五节　刨花板

纤维板与刨花板均可取代传统木芯板制作衣柜，尤其是带有饰面的板材，无须在表面再覆盖涂料或粘贴壁纸，施工快捷、效率高，外观平整。

刨花板又称为微粒板、蔗渣板，也有高档产品被称定向刨花板或欧松板，它是由木材或其他木质纤维材料制成的碎料，施加胶粘剂后在热力和压力作用下胶合而成的人造板（图3-29～图3-31）。

刨花板根据表面状况分为未饰面刨花板与饰面刨花板两种，现在用于制作衣柜的刨花板都有饰面。刨花板在裁板时容易造成参差不齐的现象，由于部分工艺对加工设备要求较高，不宜现场制作，因此多在工厂车间加工后运输到施工现场组装。

一、刨花板规格与价格

刨花板的规格为2440mm×1220mm，厚度为3～75mm，常见19mm厚的饰面刨花板价格为80～120元/张。

二、刨花板分类

刨花板分类方法可根据原料的不同分类，也可以根据表面的状态分类，还可以根据用途的不同分类（表3-2）。

图3-29　刨花板
刨花板结构比较均匀，加工性能也较好，吸声和隔声性能也很好，可以根据需要进行加工。

图3-30　定向刨花板
定向刨花板强度较高，经常替代胶合板做结构板材使用，长宽比较大，厚度比一般刨花板要大。

图3-31　刨花板制作衣柜
刨花板以及纤维板这两种板材对施工工艺的要求很高，要使用高精度切割机加工，还需要使用优质的连接件固定，并进行无缝封边处理。

表3-2　刨花板的分类

序号	分类	种类
1	原料	木材刨花板、甘蔗渣刨花板、亚麻屑刨花板、棉秆刨花板、竹材刨花板等
2	表面状态	未砂光刨花板、砂光刨花板、涂饰刨花板、装饰材料刨花板等
3	用途	在干燥状态下使用的刨花板、在干燥状态下使用的家具与室内装饰刨花板、在干燥状态下使用的结构用刨花板、在干燥状态下使用的增强结构刨花板、在潮湿状态下使用的增强结构刨花板等

三、正确选择刨花板

1. 看边角

选择刨花板的质量时最重要的关键在于边角，板芯与饰面层的接触应该特别紧密、均匀，不能有任何缺口。可以用手抚摸未饰面刨花板的表面，感觉应该比较平整，无木纤维毛刺。

2. 看横截面

从横截面，可以清楚看到刨花板的内部构造，刨花板的颗粒越大越好，一般颗粒大的刨花板着钉比较牢固，便于施工。

补充要点

切边整齐光滑的板材不一定很好

切边是机器锯开时产生的，优质板材并不需要再加工，往往有不少毛刺，质量有问题的板材内部多为空芯、黑芯，因此厂家会在切边处贴上一层美观的木料并打磨整齐，因此，不能以切边整齐光滑为标准来衡量质量好坏。

第六节　其他木质装饰材料

木花格与木线条能起到常规板材所达不到的装饰效果，是板材的有益补充。

一、木花格

木花格是用木板或枋木制作成若干个分格的木架，这些分格的尺寸或形态各不相同，造型丰富多样，图案典雅，选材常用硬质杂木或杉木制成。木花格具有加工制作简单、饰件轻巧纤细、表面纹理清晰等优点，常用于栏杆、扇门、花窗、挂落、博古架、隔断等，能调整设计格调、改进空间艺术效果等作用（图3-32）。

图3-32　实木制作的木花格

实木制作的型材是无污染的，但是实木必须刷涂料才能正常使用，否则木料很容易受潮污染，滋生细菌而发霉，还是会造成污染，可以选用食用油来涂刷，如棕榈油、橄榄油。

二、木线条

木装条选用质地坚硬、纹理细腻、材质较好的木材，经过干燥处理后，再采用机械加工而成。

木线可涂刷成各种各样的色彩和木纹本色，在装饰构造中起到固定、连接、加强的作用，既可以直接对接、拼接，又可以弯曲成各种弧线，可作为装饰构造中平面相接处、相交处、衔接口等收边封口材料（图3-33～图3-35）。

图3-33　木花格

传统的木花格制作技术娴熟，图案丰富多彩，很多古建筑中充分体现了中国人的聪明智慧和高超工艺水平。

图3-34　木线条
木装饰线条材质坚硬、表面光滑、木质细腻、棱角规矩、轮廓分明、耐磨耐蚀等特点。

图3-35　木花格与木线条打造的中式客厅
木花格用于墙面、隔断的局部装饰，木线条用于装饰构造形体的转角装饰，两者搭配使用要保持色彩一致，与其他家具色彩完美搭配，实木材料虽然价格较高，采用食用油涂刷环保无污染。不宜采用纤维板雕刻、冲压木花格与木线条，里面存在较大污染。

第七节　人造板材中的有害物质

人造板材在加工过程中为了提高自身品质，免不了会加入各种添加剂或胶粘剂，这就导致了它们本身携带了一定的有害物质。木材作为建筑材料具有许多优良性能，如易加工、导热性能低、导电性能差，弹性和塑性好，能承受冲击和震动荷载的作用，有的木材具有美丽的花纹，易于着色涂饰，是理想的装饰材料。

一、甲醛

甲醛是人造板中产生的最主要的有害物质，它产生的原因主要有以下四个方面。

1. 胶粘剂中的甲醛

由于人造板材是人们利用天然木材和其加工中的边角废料，经过机械加工而成的板材。在加工过程中，要使用脲醛树脂胶。使用脲醛树脂胶会产生甲醛的原因主要有以下三种。

（1）树脂在合成时余留有未反应的游离甲醛。

（2）树脂合成时参与反应生成不稳定基团的甲醛，在热压过程中又会释放出来。

（3）在树脂合成时吸附在胶体粒子周围已质子化的甲醛分子，在电解质的作用下会释放出来。

补充要点

脲醛树脂

1. 脲醛树脂，又称为脲甲醛树脂，是由尿素与甲醛反应所得到的聚合物，是一种热固性树脂。

2. 脲醛树脂是胶粘剂中用量最大的品种，在木材加工业各种人造板的制造中脲醛树脂及其改性产品占胶粘剂总用量的90%左右。

3. 脲醛树脂胶不仅是用于各种人造板材的加工之中，同时也可用于介电性能要求不高的制品，如插线板、开关插座面板等。

2. 板材中的甲醛

生产人造板使用的原料也会释放出甲醛，一般木材的穿孔值为1～3mg/100g，木材在干燥时会部分分解，生成醋酸与蚁酸，木质素中甲氧基断链可

图3-36 云杉
树皮的甲醛释放量大于实木，树种和刨花板受形态影响较大，如云杉会增加甲醛的释放量，而橡木正好相反。

图3-37 锯屑密度板
锯屑密度板甲醛释放量比刨花板高出约为10倍，并且用密度低的树种制成的密度板，其甲醛散发能力高于用高密度树种制成的密度板。

图3-38 板材堆放
将大量板材堆积在密闭的空间内放置一段时间，之后根据气味判断甲醛含量，既简单又便利。

图3-39 三聚氰胺板
三聚氰胺板防火、耐热、抗震、质轻、防霉、易清理、可再生，完全符合节能降耗，保护生态的既定方针。

释放出甲醛，橡树人造板的甲醛释放量低于松木人造板。

以马尾松为例，实木的甲醛释放量为2.65mg/100g，刨花板则为3.69mg/100g，提高了40%；水曲柳实木的甲醛释放量为3.39mg/100g；杉木实木的甲醛释放量为1.32mg/100g（图3-36）；柳木实木的甲醛释放为1.60mg/100g。

3. 制板工艺

板材芯层甲醛散发潜势较高，原因是芯层温度较低，含水率较高，固化程度差，容易水解产生甲醛。随着施胶后原料含水率的下降，生产中和产品中的甲醛释放量下降，产品的其他性能有所降低，不利于热量传递，反而会使产品中的甲醛释放量增加（图3-37）。

4. 结构降解

温度、湿度、酸碱、风化、光照等环境条件会使板内未完全固化的树脂发生降解，最终释放出甲醛。完全固化的树脂也会因外部环境条件变化释放甲醛。水分和酸性物质（较高温度的水和化学腐蚀物质）对板材结构的危害更甚，甲醛的释放量会随之增大。

5. 对甲醛正确判断

木芯板会释放甲醛是因为木芯板在制造的过程中，使用了含有甲醛的胶粘剂，它就会释放甲醛。判断木芯板甲醛是否浓度高，可以将所有木芯板整齐码放在一间闲置的空房间中，并且将房间的门窗都封闭好，耐心等待24h（图3-38）。再次进入房间时，如果室内有非常浓烈呛鼻的气味，那么就说明此类木芯板的甲醛含量较高，最好不要使用。反之，没有刺鼻的气味就可以放心使用。除了木芯板之外，其他板材包括胶合板、刨花板、纤维板等都适用这种方法。

生态板也被称为三聚氰胺板（图3-39），其实是用木质材料作芯材，三聚氰胺作为面材制成免漆板。三聚氰胺的毒性是非常小的，同时也比较稳定，它是用带有不同颜色或纹理的纸在三聚氰胺树脂中浸泡，固化后铺装在芯（刨花）板上。

二、控制甲醛释放

在大多数板材中含有甲醛是不可避免的，板材中的甲醛释放时间为3～15年，高峰期在3年以内，但是可以通过以下方法来减少甲醛释放。

1. 确定板材用量

以木芯板为例，每张板材的甲醛含量都被控制在一定范围内的，只要确定合理的使用量就不会造成甲醛超标。

以面积约为100m²的住宅为例，使用合格的E0级环保木芯板的数量不超过30张，就不会出现甲醛超标的问题。使用合格的E1级环保木芯板的数量不超过30张，装修结束后积极通风并放置6个月，并对室内空间进行积极的净化处理，也不会出现甲醛超标的问题。

当然这只是在没有考虑其他装修材料的使用的情况下做得大概估算，如果再考虑其他的装修材料的情况，那么所使用的木芯板的数量会更少。

2. 甲醛封闭与清除

（1）甲醛封闭剂　甲醛封闭剂是一种专门用于治理空气中的甲醛以及甲醛污染源的治理类的液体，主要是对甲醛起到封闭作用。甲醛封闭剂主要有两种，一种是清除室内空气中的甲醛，一种是对各种人造板材的甲醛进行封闭。甲醛封闭剂涂刷板材时，将板材切割后，统一涂刷或喷洒甲醛封闭剂可以将甲醛封闭在板材内，让板材中的甲醛不释放，或释放量很少。对不能进行饰面处理的木板，特别是柜体的背板、各种柜内板和暖气罩内等都可以使用甲醛封闭剂处理。使用时，根据比例调兑成液体喷洒在板材表面和缝隙处。

（2）甲醛清除剂　甲醛清除剂颠覆传统甲醛清除方式，采用纳米主动渗透技术，可以有效地渗透并捕捉板材内部的甲醛。采用甲醛清除剂对板材制作成型的家具、构造进行全面喷涂，将可能存在的外露部位全部覆盖，让甲醛与清除剂发生反应，从而起到清除甲醛的目的。

第八节　家具构造设计与施工

一、家具构造设计

家具是构造施工的主体，为了最大化利用空间，家具往往在施工现场根据测量尺寸订制，下面就以衣柜为例介绍家具的构造设计（图3-40~图3-42）。

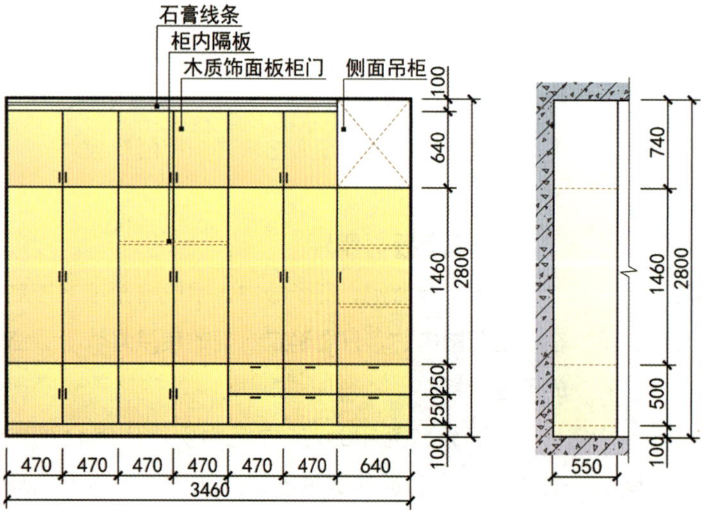

（a）正立面图　（b）侧立面图

图3-40　衣柜构造示意图

家具板材纵横向组合是目前主流构造，木质板材组合起来造型简单，采用螺钉、气排钉固定，柜门采用铰链连接柜体。在施工中要根据图纸尺寸合理分配板材，对长度为2440mm板材裁切后分解制作，最后拼接组合成大尺寸柜体。

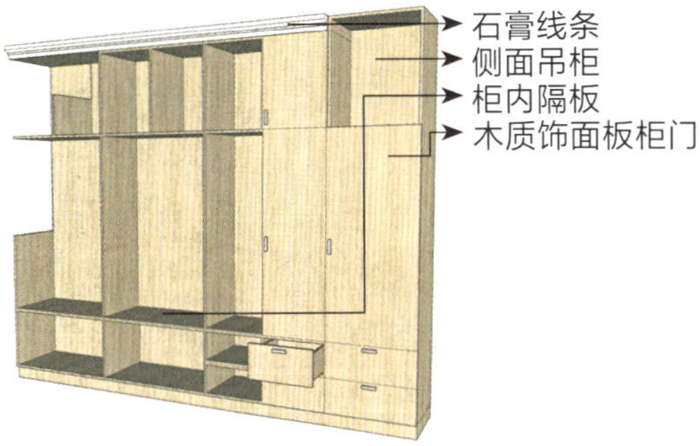

图3-41　衣柜构造三维图

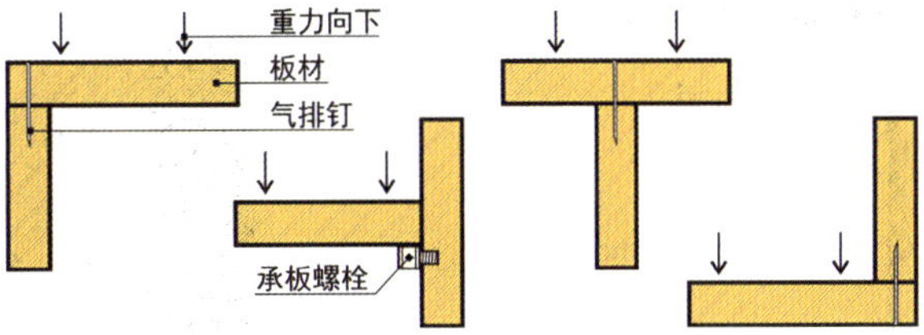

图3-42　衣柜板材构造示意图

板材之间的承接关系逻辑为，上部板材所承载的重量要完全且平稳地载到下部板材中。

二、人造板材家具施工

常见的木质柜件包括鞋柜、电视柜、装饰酒柜、书柜、衣柜、储藏柜与各类木质隔板，木质柜件制作在木构工程中占有相当比重。下面就以衣柜为例，详细介绍施工方法（图3-43）。

组装家具在制作过程中应当打开门窗，一边切割板材一边保持通风，让板材中的有害物质在第一时间内散发出来，可以在施工现场安装电风扇等通风设备。尽量不用需要涂刷油漆的薄木饰面板，如果确实需要应当在板材安装之前预先涂刷底漆，尽量延长涂料的挥发时间（图3-44～图3-46）。

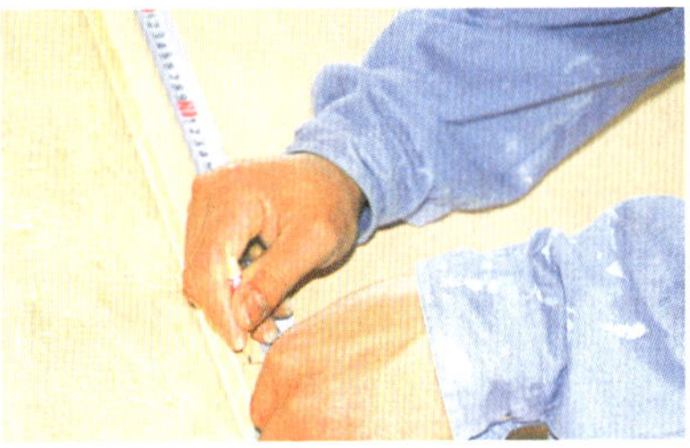

（a）在板材上放线定位

（b）精确切割板材

（c）固定柜体

（d）地面上制作好柜件框架

（e）板材侧面用木质线条遮盖

（f）柜件与砖墙保持距离防止受潮

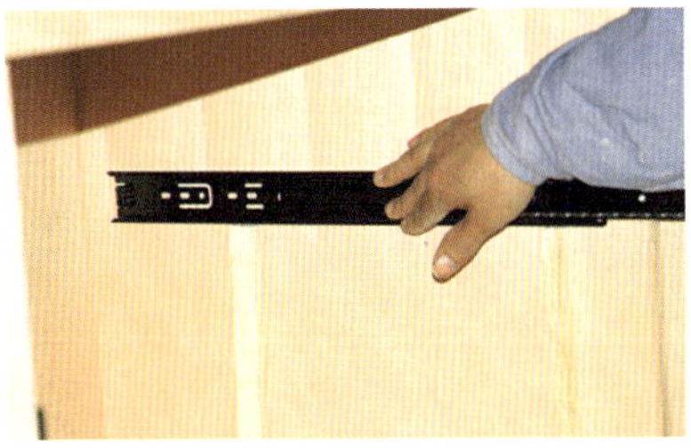

（g）安装抽屉滑轨

（h）滑轨需对齐并调试平行

（i）制作完成

图3-43　人造板材家具施工方法

衣柜、书柜等常见柜体的抽屉应采用优质E0级18mm厚木芯板制作，长边小于500mm的抽屉可以选用优质15mm厚木芯板制作，抽屉底板可采用9mm厚胶合板制作。在同一柜体上，抽屉与柜门的厚度应当一致，有特殊设计要求的家具可选用纤维板、刨花板制作，但是长边应小于500mm，以防止变形。衣柜中的抽屉宽度一般应小于600mm，高度应小于250mm，有特殊要求的部分柜门宽度不应超过900mm，高度不应超过350mm。

图3-44　推拉门衣柜

推拉门衣柜开启、关闭的幅度大，装修结束后应当完全开启3个月后再入住。

图3-45　复杂的衣帽间

造型复杂的衣帽间会消耗大量材料，造成板材中的有害物质持续释放，对人健康造成危害。

图3-46　保持衣柜的通风透气

衣帽间与大件家具应当保持通风透气，或是安装排风扇，或是安装大面积推拉门，或是安排在带有窗户的房间中。

本章小结

从国内外治理室内甲醛污染来看，均可归结为源头治理和后期治理两大类。但单纯的源头治理或单纯的后期治理均不能使室内甲醛污染降到最低的程度，所以应该综合治理。即装饰时不仅要选用合格的人造板，还要控制其使用量。由于技术、工艺上的难题，在10年内还无法生产不含甲醛的人造板材，这个问题不仅在我国存在，在发达国家如日本、美国以及欧洲也都普遍存在。所以不要相信市面上所说的无甲醛的板材，这些都是商业销售的噱头。木质板材对比一览表（表3-3）。

表3-3　常用木质板材对比表

品种	图样	性能特点	用途	价格
木芯板		质地稳定、板材厚实、缝隙密实、价格较高、不易变形、环保质量一般	室内家具、构造主体制作、柜门、台面制作	160～200元/张
生态板		表面色泽丰富、具备良好的防火性能和环保性能	室内家具、构造饰面	180～250元/张
胶合板		层级多、具有韧性，能弯曲，抗压效果好	室内家具、构造辅助制作	50～80元/张

续表

品种	图样	性能特点	用途	价格
纤维板		质地均衡、纤维密集、变形较小、饰面色彩丰富、承载力较强	室内家具制作	80～120元/张
刨花板		质地均衡、颗粒较大、不变形、饰面色彩丰富、承载力较弱	室内家具制作	80～120元/张

★课后练习

1. 木芯板的内部构造是怎样的？绘制一张简图来表明木芯板的内部构造。
2. 生态板的芯材主要有哪些品种？
3. 常用的胶合板有多少层？层数与厚度有什么关系？
4. 查阅更多资料，比较刨花板与纤维板的异同，指出他们之间的应有差异。
5. 甲醛在人造板材中主要起到什么作用？
6. 考察当地家具销售实体店，询问现代主流家具的板材种类图特征。
7. 设计一个适合自己使用的书柜，绘制三视图、轴测图，并标明选用的板材名称。
8. 考察一件中国传统木质家具，查阅资料，分析木质材料与表面涂料的特性，分析传统家具中有哪些优势特色可沿用至今天的板式家具中。

第四章

墙地面铺装材料

识读难度：★★☆☆☆

核心概念：面砖、地砖、石材

章节导读

墙、地面砖是家装中不可缺少的材料，厨房、卫生间、阳台甚至公共空间都会大面积采用这种材料，其生产与应用具有悠久的历史（图4-1）。

图4-1　普通釉面砖铺贴卫生间

第一节 釉面砖

釉面砖表面花纹多样，比抛光砖图案更丰富，但是在耐磨性不如抛光砖。

釉面砖又称为陶瓷砖、瓷片，是装饰面砖的典型代表，是卫生间、厨房墙面铺装用砖，根据表面光泽不同，釉面砖又可以分为高光釉面砖与亚光釉面砖两大类（图4-2、图4-3）。

图4-2 普通釉面砖（高光）
釉面砖的表面用釉料烧制而成，主体可以分为陶土与瓷土两种，陶土烧制出来的背面呈灰红色，瓷土烧制的背面呈灰白色。

补充要点

陶土与瓷土

陶土烧制而成的釉面砖吸水率较高，质地轻，强度低，价格低。瓷土烧制而成的釉面砖吸水率较低，质地重，强度高，价格高。现今主要用于墙地面铺设的是瓷制釉面砖，质地紧密、美观耐用、易于保洁，膨胀不显著。

一、釉面砖特性

釉面砖主要用于厨房、卫生间、阳台等室内外墙面铺装，墙面砖规格一般为300mm×300mm×6mm、300mm×450mm×6mm、300mm×600mm×8mm等。高档墙面砖还配有相当规格的腰线砖、踢脚线砖、顶脚线砖等，均施有彩釉装饰，且价格高昂，其中腰线砖的价格是普通砖的5~8倍。

墙面砖在装修中主要用于洗手间、厨房、室外阳台，是保护墙面免遭水溅的有效途径，而用于水池和浴室的瓷砖，则既要美观、防潮，也要兼顾耐磨性（图4-4、图4-5）。

图4-3 釉料印花釉面砖（亚光）
由于釉料印花与生产工艺不同，印花釉面砖表面可以制作成各种图案与花纹，装饰性很强。

二、正确选择釉面砖

1. 观察外观

观察釉面砖外观，优质釉面砖图案纹理细腻，不同的砖体表面也没有明显的缺色、断线以及错位等（图4-6、图4-7）。

图4-4　卫生间铺装釉面砖

釉面砖具备良好的防潮性能，适用于卫生间潮湿的环境，拥有不同花色、图案的釉面砖能很好装饰卫生间。

图4-5　釉面砖的样式

釉面砖拥有各种规格和各种色彩，能装饰个性化空间，也能适用于不同面积的空间。

图4-6　观察外表

从包装箱内取出多块砖，平整地放在地上，看砖体是否平整一致，对角处是否嵌接整齐，没有尺寸误差与色差就是优质品。

图4-7　观察背面

观察釉面砖背面颜色，全瓷釉面砖的背面为乳白色，陶质釉面砖的背面为土红色。

2. 测量尺寸

在铺装时应采取无缝铺装工艺，这对瓷砖的尺寸要求很高，使用卷尺检测不同砖块的边长是否一致（图4-8）。

3. 提角敲击

优质的釉面砖不会轻易有裂痕，敲击所发出的声音也比较清脆，劣质釉面砖敲击后发出的声音十分低沉（图4-9）。

4. 背部湿水

优质陶瓷砖密度较高，吸水率低，强度好，低劣陶瓷砖密度很低，吸水率高，强度差，且铺装完成后，黑灰色水泥色彩会透过砖体显露在表面（图4-10）。

背部湿水的方法并不适用所有陶瓷砖，对后文提到的玻化砖、微粉砖、石材无效，部分厂家还会在陶瓷砖背后喷上透明涂料，无法渗水进入，这点要注意识别，如果砖体背面具有轻微反光，就表明喷上可涂料。

图4-8　测量尺寸

用卷尺测量釉面砖的尺寸，检查其四边尺寸是否符合标准尺寸，测量时注意与边角平行，以免有误差。

图4-9　敲击边角

用手指垂直提起陶瓷砖的边角，让瓷砖自然垂下，用另一手指关节部位轻敲瓷砖中下部，根据声音清脆度可判断釉面砖的质量优劣。

图4-10　吸水密度

将瓷砖背部朝上，滴入少许清水，如果水渍扩散面积较小则为上品，反之则为次品。

5. 平整度吸力

将两片砖的表面，面对面贴紧，然后用手对半分离，如果在分离过程中感到有明显吸力，说明釉面平整、光滑，做工上乘，反之则质量不佳。这种方法仅适用于边长≤600mm的釉面砖，对于更高质量的玻化砖等产品，没有适用性，因为大规格砖材表面的平整度都很高。

补充要点

瓷砖的保养方法

在日常使用中，瓷砖要注意清洁保养。砖面是非常致密的物质，有色液体或污垢不会渗透到砖体中，使用抹布沾水或加清洁剂擦拭砖面即能清除掉砖面的污垢。如果是凹凸感很强的瓷砖，凹凸缝隙里面容易挤压很多灰尘，可以使用尼龙刷子刷净。针对茶水、冰淇淋、咖啡、啤酒等长期残留的污渍可以使用瓷砖专用清洁剂清洗。

第二节 锦砖

锦砖又称为马赛克、纸皮砖。锦砖砖体薄，自重轻，紧密的缝隙能保证每块材料都牢牢地粘接在砂浆中，因而不易脱落，即使少数砖块掉落下来，也方便修补，不会构成危险。

传统锦砖一般是指陶瓷锦砖，于20世纪70～80年代在我国流行一时，后来随着釉面砖的发展，陶瓷锦砖产品种类有限，逐步退出市场。如今随着设计风格的多样化，锦砖又重现历史舞台，其品种、样式、规格更加丰富（图4-11、图4-12）。

一、锦砖特性

锦砖的吸水性好，吸水率小，抗冻性能强，现在逐渐成为装修的重要材料，特别是晶莹、细腻的质感，能提高装修界面的耐污染能力，并体现材料的高贵感。

二、正确选择锦砖

1. 观察外观

将2～3片锦砖平放在采光充足的地面上，目测距离为1m左右，优质产品应无任何斑点、粘疤、起泡、坯粉、麻面、波纹、缺釉、棕眼、落脏、熔洞等缺陷。但是天然石材锦砖允许存在细微孔洞，瑕疵率应小于5%（图4-13、图4-14）。

2. 用卷尺测量

用卷尺仔细测量锦砖的边长，标准产品的边长为300mm，各边误差应小于2mm，特殊造型锦砖除外（图4-15）。

3. 检查粘贴的牢固度

锦砖上的各种小块材料都粘贴在玻璃纤维网或牛皮纸上，可以用双手拿捏在锦砖一边的两角上，使整片锦砖直立，然后自然放平，反复5次，以不掉砖为优质产品（图4-16）。

图4-11　锦砖
锦砖花色十分丰富，组合样式具有多变性，装饰效果较好。

图4-12　锦砖拼贴画
锦砖可以用来制作拼贴画装饰墙面，但是过程比较复杂，所以一般来说价格比较昂贵。

图4-13　规格整齐
单片颗粒间规格、大小一致，边沿整齐，背面无太厚乳胶层的为优质品。

图4-14　色彩
颜色分布均匀，无明显色差，整体色彩视觉效果好的属于优质品。

图4-15　卷尺测量
用卷尺测量锦砖的横向距离和纵向距离，得出尺寸与产品标识上的尺寸一致的为优质品。

图4-16　检查牢固度
将整片锦砖卷曲，然后伸平，反复5次，或反复褶皱小砖块，以不掉砖为优质产品。

第三节　抛光砖

对通体砖坯体表面打磨光亮后，称为抛光砖，抛光砖的表面比通体砖更加光洁。

一、抛光砖特性

抛光砖的基础采用黏土与石材（长石、石英）粉末经压制后经过烧制而成，正面与反面色泽一致，不上釉料。抛光砖的表面十分光洁，强度高，砖体也很薄，具有很好的防滑功能。抛光砖在生产时会留下凹凸气孔，这些气孔会藏污纳垢，造成表面很容易渗入污染物，甚至将茶水倒在抛光砖上都会渗透至砖体中（图4-17、图4-18）。

图4-17　抛光砖

抛光砖色泽亮丽，抗弯曲强度大，重量也很轻，坚硬耐磨，适合在洗手间、厨房以外等室内空间中使用。

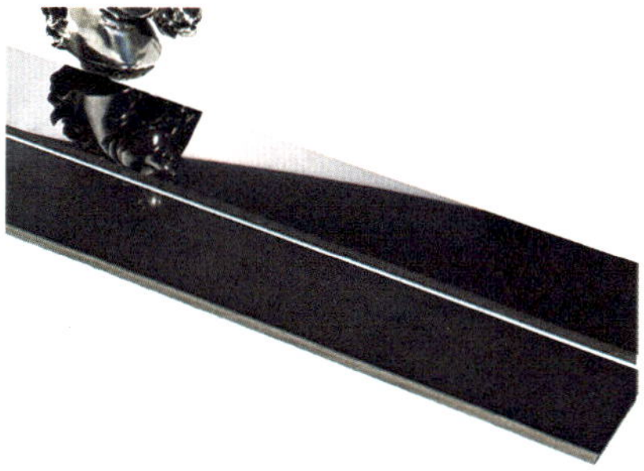

图4-18　抛光砖踢脚线

可以将抛光砖作为踢脚线来使用，能有效防止墙角被桌椅或其他物品弄脏或磕碰。

图4-19　标准尺寸

尺寸是否标准是判断抛光砖优劣的关键，可以用卷尺或卡尺测量抛光砖的对角线和四边尺寸及厚度是否均匀。

图4-20　平整抛光砖

将抛光砖置于平整面上，看其四边是否与平整面完全吻合，看瓷砖的四个角是否均为直角。

图4-21　色泽

在充足的光线条件下肉眼查看有无色差、变形以及缺棱少角等缺陷。

图4-22　割、划

用钥匙轻刮抛光砖表面，表面细密且质地较硬，没有划痕的为优质抛光砖。

二、正确选择抛光砖

1. 看产品标识

抛光砖包装上的产品参数以及环保指数等都应清晰标明，字迹不应模糊不清。

2. 看尺寸

抛光砖规范的尺寸利于施工，能体现装饰效果。优质抛光砖规格偏差小，铺贴后整齐划一，砖缝平直，装饰效果良好（图4-19、图4-20）。

3. 看色泽度和图案

优质抛光砖花纹、图案和色泽都清晰一致，工艺细腻精致，不会出现明显漏色、色差、错位、断线或深浅不一的现象（图4-21、图4-22）。

第四节　玻化砖

玻化砖又称为全瓷砖，是通体砖表面经过打磨而成的一种光亮瓷砖，属于通体砖中的一种，采用优质高岭土与强化高温烧制而成，质地为多晶材料，具有很高的强度与硬度。玻化砖具有天然石材的质感，而且具有高光度、高硬度、高耐磨、吸水率低、色差少等优点（图4-23～图4-25）。

一、玻化砖特性

玻化砖有单一色彩、石材纹理等效果，采用施釉装饰法，形成粗面或光亮等多种新产品。玻化砖尺寸较大，通常为600mm×600mm×8mm、800mm×800mm×10mm、1000mm×1000mm×10mm、1200mm×1200mm×12mm，中档产品的价格为100～150元/米^2。

二、正确选择玻化砖

1. 听声音

一只手悬空提起瓷砖的边角，另一只手敲击瓷砖中间，如果发出清脆响亮的声音，可以认定为玻化砖。如果发出的声音浑浊、回音较小且短促，则说明瓷砖的胚体原料颗粒大小不均，为普通抛光砖。

补充要点

玻化砖保养方法

玻化砖在施工完毕后，要对砖面进行打蜡处理，3遍打蜡后进行抛光，以后每3个月或半年打蜡1次，否则酱油、墨水、菜汤、茶水等液态污渍会渗入砖面后留在砖体内，形成污染。同时，砖面的光泽会渐渐失去，最终影响美观。

图4-23　玻化砖

玻化砖表面光洁而又无须抛光，因此不存在抛光气孔的污染问题，耐腐蚀和抗污性都较好。

图4-24　玻化砖样式

玻化砖结合了欧式与中式风格，色彩丰富多彩，铺装于墙地面上可以起到隔音、隔热效果，而且质地比大理石轻便。

图4-25　客厅铺贴玻化砖

玻化砖以中大尺寸产品为主，产品最大规格可以达到1200mm×1200mm，主要用于大面积客厅。

2. 选择品牌

知名品牌产品均能在网上搜索到，其色泽、质地应该与经销商的产品完全一致，这样能有效地识别真伪。

3. 试手感

不同玻化砖手感不同，可以通过手感深刻感受玻化砖的质地和重量，也可以以此为依据来辨别玻化砖（图4-26）。

图4-26　掂重量

双手提起相同规格、相同厚度的瓷砖，仔细掂量，手感较重的为玻化砖，手感轻的为抛光砖。

4. 观察背面

优质玻化砖的质地应均匀细致，吸水率也小于0.5%，而吸水率越低，则表明玻化程度越好（图4-27）。

图4-27　观察背面

从表面上来看，玻化砖是完全不吸水的，即使洒水至砖体背面也不会有任何水迹扩散的现象。

第五节　微粉砖

微粉砖是在玻化砖的基础上发展起来的一种全新通体砖，也可以认为是一种更高档的玻化砖。微粉砖所使用的胚体原料颗粒研磨得非常细小，通过计算机随机布料制坯，经过高温高压煅烧，然后经过表面抛光而成，其表面与背面的色泽一致（图4-28、图4-29）。

一、超微粉砖

超微粉砖表面材料的颗粒体积更小，只相当于一般抛光砖原料颗粒的5%。超微粉砖的花色图案自然逼真，石材效果强烈，采用超细的原料颗粒，产品光洁耐磨，不易渗污（图4-30）。

超微粉砖中还加入了石英、金刚砂等矿物骨料，所呈现的纹理为随机状，看不出重复效果。在超微粉砖的基础上还开发出了聚晶微粉砖，在烧制过程中融入晶体熔块或颗粒，是属于超微粉砖的升级产品。聚晶微粉砖除了具备超微粉砖的特点外，产品外观的立体效果也更加突出，更接近于天然石材。当然，这只是在产品装饰效果上有所区别，其产品性能与超微粉砖没有太大差距。

二、正确选择微粉砖

1. 看渗透度

微粉砖完全不吸水，可以通过泼洒各种液体至微粉砖表面来辨别微粉砖的优劣，优质产品不会有渗透现象（图4-31）。

图4-28　微粉砖

微粉砖的层次和纹理更具通透感和真实感，纹样十分丰富，装饰效果也比较好。

图4-29　微粉砖花色

微粉砖背面的底色和正面的色泽应该一致，正面花色、图案等也都不呆板，具有很好的美观性。

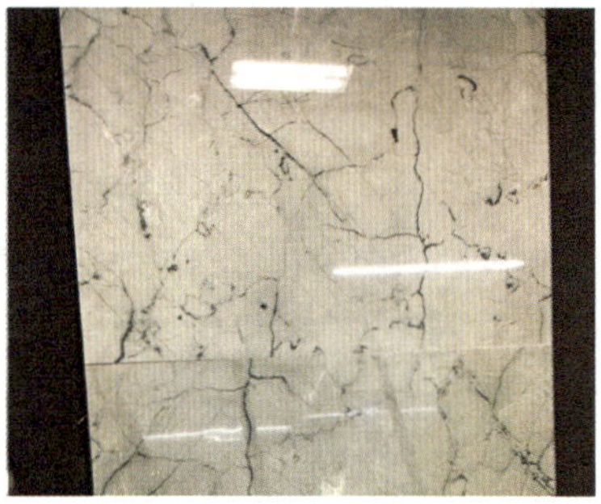

图4-30　超微粉砖样式

超微粉砖的每一片砖材的花纹都不同，但整体非常的协调、自然。

图4-31　表面洒水

取微粉砖样品，倾斜一定角度，在其表面倒上少量清水，观察清水是否顺流而下，在微粉砖表面是否有残留。

图4-32　钥匙划磨

取微粉砖样品，在其表面采用尖锐钥匙或金属器具在其表面磨划，优质微粉砖不会产生任何划痕。

图4-33　表面写字

取微粉砖样品，使用记号笔或粗水性笔，在微粉砖上随意画写，然后用湿抹布擦除，观察擦除后是否留有污渍，没有的为优质品。

图4-34　砂纸擦、磨

取微粉砖样品，用砂纸在其表面摩擦，观察表面是否有磨痕，微粉砖表面色泽有无变化，无任何变化的为优质品。

2. 看坚硬度

优质的微粉砖不会轻易产生划痕，因而使用寿命较长，非常适合各个空间地面铺装（图4-32）。

3. 看是否易清洁

微粉砖具有玻化砖同等优点，但又优于玻化砖，表面非常容易清洁，污渍也不会顽固停留在表面（图4-33）。

4. 看持久度

微粉砖是经过高温、高压煅烧而成，表面的色泽和花纹持久度都很高，优质产品的色彩更加亮丽、明快，不会轻易掉色，背面不会因为任何细微的吸入而状态黯淡，装饰效果十分好（图4-34）。

补充要点

抛光砖的保养方法

1. 用前保护。抛光砖在施工与日常使用中要注意清洁保养，抛光砖在铺好后未使用前，为了避免其他项目施工时损伤砖面，应用编织袋等不易脱色的物品进行保护，把砖面遮盖好。

2. 干拖。日常清洁地面时，尽量采用干拖，少用湿拖，局部较脏或有污迹时，可用家用清洁剂，如洗洁精、洗衣粉等或用除污剂进行清洗。

3. 上蜡。清洁时要根据使用情况定期或不定期地涂上地砖蜡，待其干后再抹亮，可保持砖面光亮如新，如果经济条件较好，请采用晶面处理，从而达到商业酒店的效果。

第六节 石材

石材包括天然石材与人造石材两类，天然石材是一种历史悠久的建筑装饰材料，它不仅具有较高的强度、硬度，而且能对建筑物起到保护和装饰双重作用。人造石材相较于天然石材，不论是在装饰效果、产品价格还是适用范围等方面都能显示出极大的优越性。

一、天然石材

生活中我们接触较多的天然石材有大理石与花岗岩两种。大理石是指具有装饰功能的各种碳酸盐类岩石，以及某些含有少量碳酸盐的硅酸盐岩石。花岗岩是指具有装饰功能的各种岩浆岩石。

1. 天然大理石

天然大理石可制成高级工程的装饰面板，用于展览馆、影剧院、宾馆、商场、图书馆等公共建筑室内墙面地面、立柱台阶等构造的表面装饰（图4-35、图4-36）。

2. 天然花岗岩

天然花岗岩主要用于公共大厅地面、窗台、料理台、洗手台等部位。磨光花岗岩板的装饰特点是华丽而庄重，非常适合风格大气的美式、欧式等空间装饰（图4-37、图4-38）。

二、人造石材

人造石材是采用非天然混合物制成，如树脂、水泥、玻璃珠、铝石粉等加碎石黏合剂。人造石是一种新型的复合材料，是用不饱和聚酯树脂与填料、颜料混合，加入少量引发剂，经一定加工程序制成的。在制造过程中搭配不同色料，可制成具有色彩艳丽、光泽如玉，酷似天然大理石的制品。

人造石材由于它具有阻燃性、不粘油、不渗污、易保养、拼接无缝、任意造型等优点，适用于普通的各种台面、水槽、家具台面等部位（图4-39、图4-40）。

人造石在安装加工时会产生很大的粉尘，这也是鉴别人造石是否存在污染的关键环节，切割时产生的粉尘如果含有很刺鼻的气味，则说明人造石中固化的黏合剂不环保，会在使用过程中缓慢释放有毒物质。

图4-35　酒店电梯间墙地面
大理石结构致密、抗压强度高、吸水率高、耐磨性好、耐久性好。所以非常适合人流量密集，且对地面要求比较高的酒店使用。

图4-36　碎拼大理石
碎拼大理石可以根据石材的边角料灵活拼接，形成造型别致的花纹，用来装点高级建筑庭院、走廊等部位。

图4-37　花岗岩的样式
花岗岩具有结构致密、质地坚硬、耐腐蚀性强等特点。花岗岩纹理丰富，色彩沉稳。

图4-38　花岗岩台面
花岗岩因为其吸水率好的优点，非常适合厨房、吧台等用水频率较高的地方。

图4-39　人造大理石样式
人造大理石没有色差与纹理差异，表面没有孔隙、油污、砂眼等缺陷，水渍不易渗入其中。

图4-40　人造大理石台面
人造石材成本很低，只有天然石材的10%～20%。大面积使用十分经济实惠。

第七节　砖石材料中的有害物质

陶瓷是用黏土与其他天然矿物原料经过粉碎加工、成型、煅烧等过程制成（图4-41）。由于它使用的原料主要是硅酸矿物，所以属于硅酸盐类材料。

一、陶瓷中存在污染

陶瓷制品的原料是天然黏土。黏土是由天然岩石经长期风化而成的，它是多种矿物的混合体。组成黏土的矿物主要有高岭石、蒙脱石、水云母等，它们都是具有层状结晶结构的含水硅铝酸盐。此外，黏土中还含有石英、长石、铁矿物、碳酸盐、碱及有机物等多种杂质。因此，陶瓷制品原料中含有放射性元素。

图4-41　陶瓷卖场
陶瓷款式多样、风格明确，易于打理，是现在装饰施工中必不可少的材料。

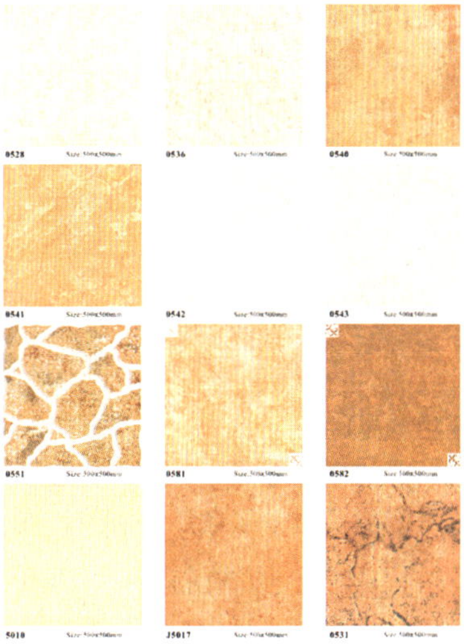

图4-42　丰富多彩的釉面砖
釉面砖花色丰富，防潮性能好，能根据空间风格选择搭配。

釉面砖的釉面是在瓷砖的表面涂了一层釉料，釉料的作用是为了方便清洁。陶瓷色料有的被加上了锆英砂作为乳蚀剂，锆英砂中就含有一定量的天然放射性核素（图4-42）。

二、石材中有害物质与危害

天然大理石与花岗岩都具有一定的放射性物质。天然石材的放射性核素对人体的危害有内辐射与外辐射之分。

内辐射主要来自放射性辐射在空气中的衰变，所放射出电离辐射以食物、水、大气为媒介，摄入人体后自发衰变，形成放射性物质：氡，被人吸入肺中，对人的呼吸系统造成伤害。

外辐射主要是指天然石材中的放射性元素在衰变过程中，放射出电离辐射，如α射线、β射线、γ射线直接照射人体，然后在人体内产生变化，对人体内的造血器官、神经系统、生殖系统和消化系统造成损伤。而建筑装饰材料中的放射性污染主要是氡的污染，是目前室内环境中需要控制的污染物质之一。

石材中的氡对人体的伤害主要是以内辐射为主，氡被吸入肺中，会在支气管和肺泡内衰变并破坏细胞组织，损坏DNA，产生癌变与基因突变。氡诱发肺癌的潜伏期大多都在15年以上，世界上有1/5的肺癌患者与氡辐射有关。

氡及其子体在衰变时还会产生穿透力极强的γ射线，对人体造成外照射。长期生活在γ射线辐射场环境中，就会对人的血液循环系统造成危害，如白细胞和血小板减少，严重的还会导致白血病。

三、正确选择砖石材料

对于瓷砖和石材中的污染物也不必过于担心，以下就介绍挑选优质砖石材料的方法。

1. 关注类别

选择正规厂家生产的A类标准品牌瓷砖，一般不会出现辐射超标的问题。注意有些厂家为了让深色釉面砖显得好看、亮丽，会添加一些重金属元素，颜色越深的瓷砖放射性越大，如在釉面砖中，红色釉面砖的辐射最大（图4-43）。

砖石材料中含有放射性元素是不可避免的，不要过于惊慌。经过国家检验合格的产品对人体是没有危害的，只要选择正规品牌产品就可以放心使用。

2. 合理选用人造石材

人造石材相对于天然石材而言，没有太大的辐

图4-43　深色釉面砖

不要选颜色过深或过白的瓷砖，选择颜色纯度居中，且视觉效果自然的最好。

图4-44　各种人造石材

人造石材的花样多、品种全、纹路美，具有天然石材的优质品质，同时又没有辐射，是天然石材最好的替代品。

射问题，因此想要拥有大理石或花岗岩的质感，可以选择人造石材（图4-44）。但是人造石材也不一定安全，因为人造大理石是人为制造而成的，其中会添加天然石粉或颗粒，将天然石材的中辐射性能带到了人造石材中。当然也不必草木皆兵，只要是通过正规渠道购买的人造石材产品，都是符合国家质量检验标准的，就不用担心。

第八节　墙地砖铺装构造设计与施工

地砖可以铺在墙上，墙砖不能铺在地上，因为墙砖的密度不够高，铺在地上容易破裂。如今的陶瓷砖产品质量越来越好，很多产品不分墙地面，在选择时要向商家询问清楚。

一、墙面砖铺装

墙面砖铺装要求粘贴牢固，表面平整，且垂直度标准，具有一定施工难度（图4-45～图4-47）。

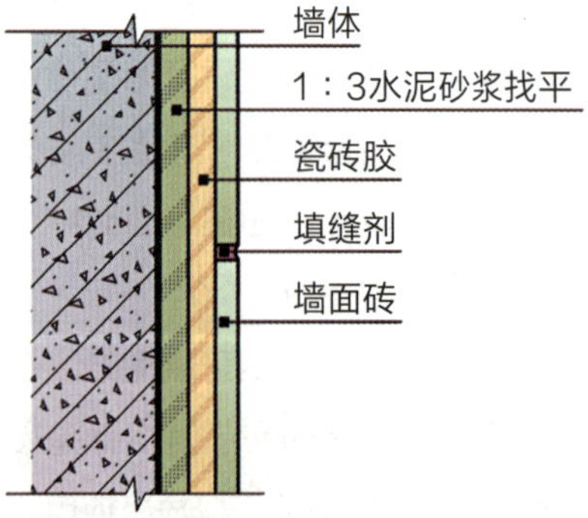

图4-45　墙面砖铺装构造示意图

墙面砖铺装时应先采用1：3水泥砂浆进行找平，再采用瓷砖胶营造凝结层，最后铺贴墙面砖。

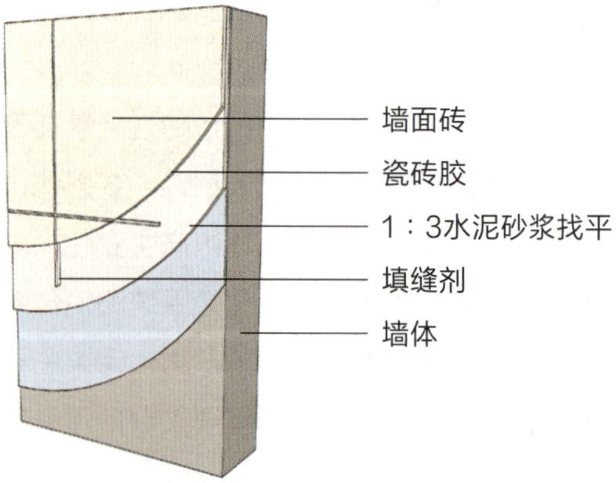

图4-46　墙面砖铺装构造三维图

（a）陶瓷砖水中浸泡2h

（b）墙面放线定位并涂刷无醛901胶水

（c）墙面浸湿并预铺装

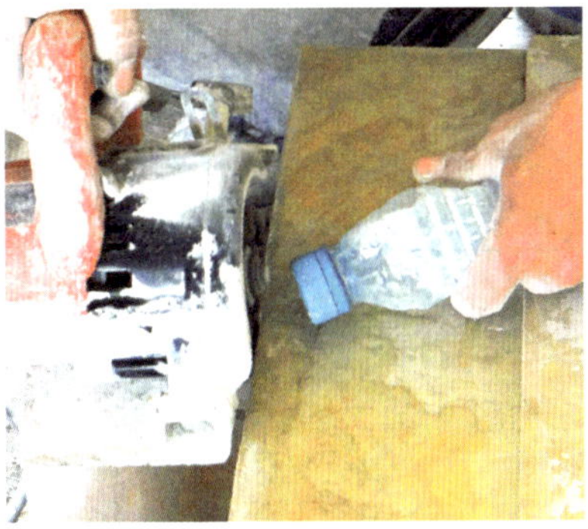
（d）根据尺寸切割

（e）瓷砖背面涂抹瓷砖胶

（f）瓷砖贴上墙

（g）调整表面平整度

（h）校正平整度

（i）橡皮锤敲击平整度

（j）切割出开关插座面板

（k）留出电线孔洞

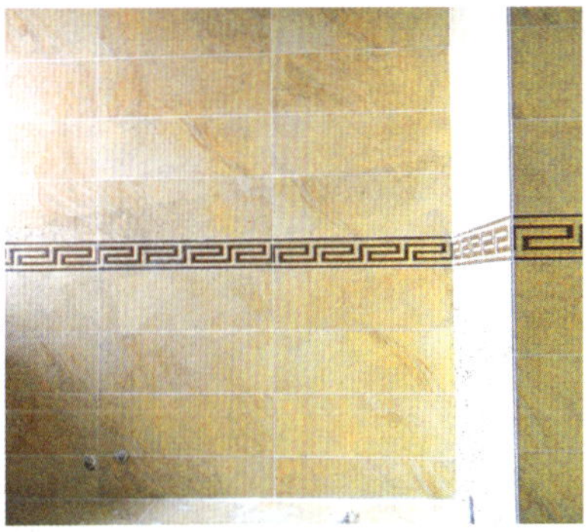
（l）铺贴完毕并填缝

图4-47　墙面砖铺装构造设计与施工方法

墙面砖铺贴是技术性极强，在辅助材料备齐、基层处理较好的情况下，1名施工员1天能完成8～10m^2。陶瓷墙砖的规格不同、使用的粘合材料不同、基层墙面的管线数量不同等，都会影响到施工工期，因此，实际工期应根据现场情况确定。

二、地面砖铺装

地面砖多为高密度瓷砖、抛光砖、玻化砖等，铺贴的规格较大，不能有空鼓存在，铺贴厚度也不能过高，避免与地板铺设形成较大落差。下面介绍构造设计与施工方法（图4-48～图4-50）。

三、锦砖铺装

锦砖又称为马赛克，它具有砖体薄、自重轻等特点，锦砖铺装在铺贴施工中施工难度最大（图4-51～图4-53）。

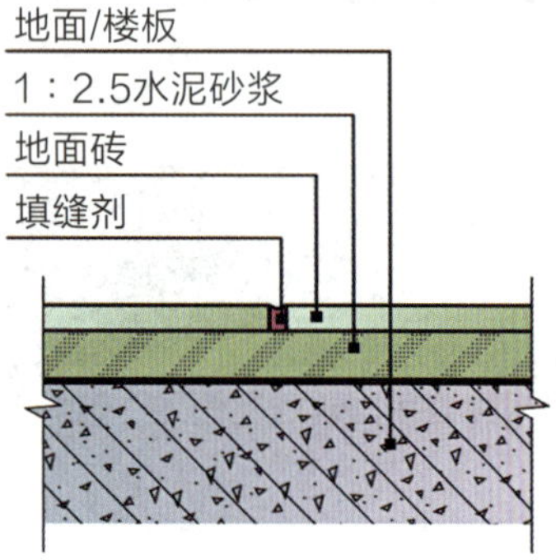

图4-48　地面砖铺装构造示意图
地面砖铺装时应先采用1：2.5水泥砂浆进行基础处理，处理后再铺贴地面砖，填缝剂要提前准备好，铺贴后要注意周边清洁。

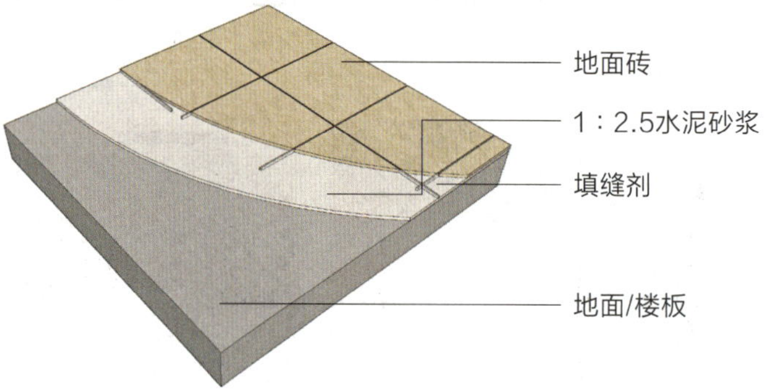

图4-49　地面砖铺装构造三维图

（a）地面清扫干净

（b）陶瓷砖水中浸泡2h

（c）干质水泥砂浆地面铺装

（d）预铺装

（e）瓷砖背面抹湿质素水泥或瓷砖胶

（f）对齐铺贴

图4-50　地面砖铺装施工方法（一）

（g）橡皮锤敲击平整度

（h）校正平整度

（i）铺贴完毕并填缝

图4-50　地面砖铺装施工方法（二）

地砖可以由多种颜色组合，尤其是釉面颜色不同的地砖可以随机组合铺装，留缝铺装是现在流行的趋势，适用于仿古地砖，它主要强调历史的回归。地砖釉面处理得凹凸不平，直边也做成腐蚀状，对于铺装时留出必要的缝隙并用彩色水泥填充，这样可使整体效果统一，同时也强调了凝重的历史感。

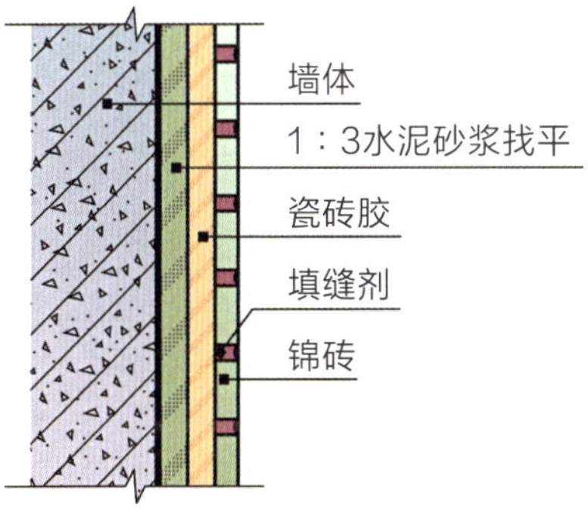

图4-51　锦砖墙面铺装构造示意图

锦砖铺装和墙面砖施工的工序有些类似，但锦砖铺贴时还需保证每个小瓷片都紧密粘贴在砂浆中，且不易脱落。

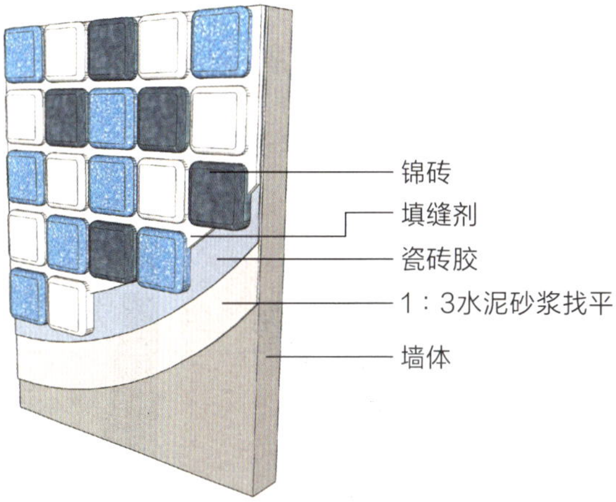

图4-52　锦砖墙面铺装构造三维图

（a）墙面涂抹刮平专用瓷砖胶

（b）马赛克铺贴整平

图4-53　锦砖铺装施工方法

铺贴锦砖前应根据计算机绘制的图纸放出施工大样，根据高度弹出若干条水平线及垂直线，两线之间保持整砖数，同一面墙不得有一排以上非整砖，非整砖应安排在隐蔽处。认真检查缝隙的大小平直情况，注意将电路暗盒部位的锦砖裁切掉，并保留电路暗盒开口。

（c）修饰填缝

（d）剪开开关插座孔

四、石材铺装

石材质地厚重，地面铺装施工与地面砖相同，小面积墙面铺装可以采用石材专用胶施工，构造设计与施工方法与墙面砖施工相同。但是大面积墙面铺装就要注意强度要求，应当采用墙面干挂法（图4-54～图4-56）。

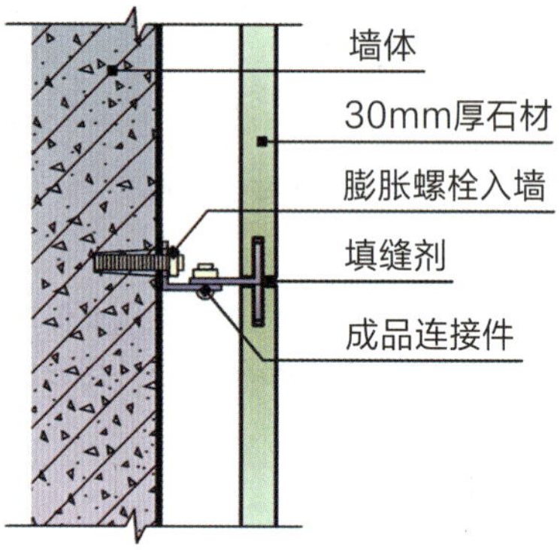

图4-54　墙面石材干挂构造示意图
质地较重的天然石材在进行干挂施工时需要选择合适的配套工具，并检查是否有遗漏部件。

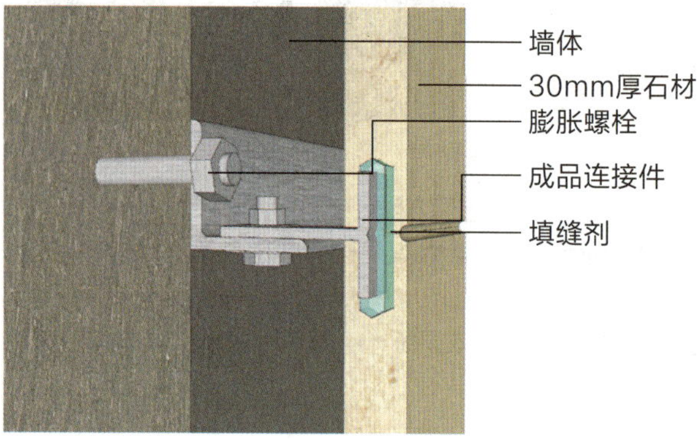

图4-55　墙面石材干挂构造三维图

（a）墙面石材干挂连接件

（b）石材加工

（c）涂刷防锈漆

（d）涂刷结构胶

（e）保留缝隙

（f）大面积铺装

（g）小面积铺装

图4-56　石材铺装施工方法
施工前需要采用切割机在石材侧面切割出凹槽，供连接件安装。墙面骨架安装时，也会采用焊接构造，焊接后应涂刷防锈漆。干挂连接件周边应涂抹石材专用结构胶，进一步强化安装结构。单面墙在20m^{2}以上的大面积墙面天然石材铺装的缝隙应当注入聚氨酯胶封闭，这样可以起到防水作用。单面墙在20m^{2}以下的面积墙面天然石材铺装的缝隙可以保留1～2mm，并填入填缝剂后擦净周边区域。

补充要点

砖石材料放射性分类

砖石产品根据其放射性水平可被认证为以下2类。

1. A类，使用范围不受限制；

2. B类，不可用于住宅、老年公寓、托儿所、医院和学校等Ⅰ类民用建筑的内饰面，但可用于Ⅰ类民用建筑的外饰面和其他一切建筑物的内外饰面。

表4-1是部分石材放射性分类控制的数据，可以作为消费者挑选石材时的依据。

表4-1 我国市场部分石材放射性分类控制的数据 单位：Bq/kg

石材名称	钍的含量	钾的含量	镭的含量	产品类型
三宝红	128.0	1545.0	71.8	B类
南非红	142.6	1328.0	49.8	B类
马兰红	189.5	1196.0	102.7	B类
菊花黄	29.2	1455.0	12.5	A类
樱花红	104.5	1205.8	104.7	B类
香港红	91.8	1191.0	132.8	B类
粉红岗	170.8	1520.0	147.5	B类
丁香紫	110.0	1610.0	116.0	B类
虎贝	104.0	1608.0	71.0	B类

本章小结

无论是瓷砖还是石材，能在正规的市场上见到的大多数都是经过了国家的质量检验的，所以绝大多数的放射性辐射强度都比较小，有的甚至可以忽略不计，所以可以不必过于担心，根据具体需要与设计形式正确选用瓷砖、石材。

★课后练习

1. 釉面砖的特点有哪些？

2. 锦砖主要有哪些材料可以制作？

3. 抛光砖、玻化砖与微粉砖有什么区别？设计一个表格或思维导图进行对比。

4. 大理石与花岗岩有什么区别？

5. 砖石材料的污染源是什么，怎样识别砖石材料的环保性能？

6. 墙面砖与地面砖施工工艺的主要区别是什么？

7. 考察当地装饰材料市场，收集并记录砖石材料的细分新型品种。

8. 考察当地乡镇、区级人民政府大楼，记录建筑外墙、室内外地面铺装材料与配色方式，分析建筑整体视觉形象与党政文化之间的关系。

第五章

胶粘剂

识读难度： ★★★☆☆

核心概念： 组成、分类、种类

章节导读

胶粘剂是在装饰工程中不可缺少的连接组合材料，是指具有良好粘接性能，能将两种相同或不同的材料紧密牢固地粘接在一起的非金属物质。胶粘剂的使用在我国已有上千年的历史。现代胶粘剂一般多为有机合成材料，一般由粘接料、固化剂、增韧剂、稀释剂、填料以及改性剂等这几种物质组成（图5-1）。

图5-1　胶粘剂安装装饰画

第一节　胶粘剂的构成

将同种或两种，以及两种以上同质或异质的制件（或材料）连接在一起，固化后具有足够强度的有机或无机的、天然或合成的一类物质，被称为胶粘剂（粘接剂、黏合剂）。胶粘剂主要分为天然高分子化合物、合成高分子化合物、无机化合物。辅料分为固化剂、增塑剂、增韧剂、稀释剂、填充剂等。

一、胶粘剂主料

胶粘剂主料分为：

（1）天然高分子化合物：淀粉、动物皮胶、骨胶、天然橡胶等。

（2）合成高分子化合物：环氧树脂、酚醛树脂、脲醛树脂、聚氨酯等热固性树脂；聚乙烯醇缩醛、过氯乙烯树脂等热塑性树脂；氯丁橡胶、丁腈橡胶等合成橡胶。

（3）无机化合物：硅酸盐、磷酸盐等。

补充要点

热固性树脂、热塑性树脂、合成橡胶

1. 热固性树脂是指树脂在加热之后发生化学变化，经冷却固化成型，成型后再受热也不会软化，也不会溶于溶剂的性质，即固化成型后不能反复受热成型。

2. 热塑性树脂是指树脂在受热时会流动变形，在冷却后能保持一定形状的性质，并且无论重复加热和冷却多少次都能保持这种性能的一种树脂。

3. 合成橡胶是一种三大合成材料之一，常被称为合成弹性体，工业合成橡胶材料不仅节约了成本，还提高了橡胶制品的特性。

二、固化剂

固化剂又称为硬化剂。在胶粘剂中加入固化剂能使胶粘剂迅速硬化。有的胶粘剂如果不在其中加入适量适宜的固化剂，本身不会变成坚硬的固体，所以对于某些胶粘剂而言，固化剂也是主要组成成分。

三、增塑剂和增韧剂

增塑剂和增韧剂能改善粘结层的韧性，提高胶接接头的抗冲击强度、抗剥离、耐寒性的试剂。

四、稀释剂

稀释剂又称为溶剂，主要对胶粘剂起到稀释、分散、降低黏度的作用，同时能提高胶粘剂的湿润性和流动性。常用的稀释剂有丙酮、苯、甲苯等，因此胶粘剂中的有毒物质大多是稀释剂所带来的。

五、填充料

填充料一般不会在胶粘剂中产生化学反应，不用担心它会带来污染。加入适量的填充料能够改善胶粘剂的力学性能，常用的填充料有银粉、铁粉等。在胶粘剂中加入导磁性能良好的铁粉，可以配制出专门用途的导电胶粘剂或导磁胶粘剂。

第二节　常用胶粘剂品种

由于胶粘剂种类繁多，它的性能和适用场合不同，所以根据胶粘剂和被粘物的性质，结合使用条件及环境，要选择适当稳妥的胶粘剂。

一、壁纸墙布胶粘剂

壁纸胶是用来粘住墙纸的粘贴制品，保证墙纸的粘贴性和使用寿命是基本功能，同时还要求产品环保无害。

1. 糯米胶

糯米胶是目前性价比较高的一款壁纸胶，广泛用于家庭墙纸铺贴，优质糯米胶通过了欧盟环保检测，已达到可食用级别（图5-2、图5-3）。

2. 功能胶

功能胶主要包括防霉胶、柏宁胶等，能够针对性解决墙纸施工难题，环保性也达到中国环境标志产品认证（十环认证），并且无须兑水，可直接使用。

3. 801建筑胶

801建筑胶与涂料搭配使用，能提升涂料的附着力和防水性能，主要用于建筑室内外墙和地面涂料的掺兑，提高涂料的粘接能力。

4. 胶粉

胶粉用于较厚重的墙纸墙布铺贴，比较环保，但是调配复杂，比例不好掌握。胶粉呈白色粉片状，调配融合后可用于墙面壁纸铺贴，牢固性较强。胶粉由具有防水性能的无纺布包装而成，包装上会注明相关产品信息。

图5-2　糯米胶
糯米胶适用于各种墙纸及墙布，尤其适用于粘贴金属特殊墙纸。

图5-3　糯米胶的使用
糯米胶兑水后即可使用，呈白色固体状，且黏度高，施工便利。

图5-4　白乳胶检测
取两件样品，涂刷白乳胶，将其沿粘合界面撕开，如果发现撕开后被粘材料遭到破坏，则证明粘合强度足够；如果只是粘合界面分开，则表明环保型白乳胶强度不足。

5. 淀粉胶

淀粉胶是常见的壁纸粘贴胶剂，由淀粉和胶浆双组分组成，在使用时先将淀粉与水兑匀，再在其中加入胶浆混合均匀，淀粉本身其成分是环保的。所以淀粉胶的污染成分也主要集中在胶浆组分中，在选择时看清胶浆的生产信息，一般原料以薯类、玉米为主，避免选择刺鼻气味浓重的合成淀粉产品。

二、白乳胶

白乳胶是用途最广、用量最大、历史最悠久的水溶性胶粘剂，具有成膜性好、粘接强度高、固化速度快、耐稀酸稀碱性好、使用方便、价格便宜、不含有机溶剂等特点。搅拌白乳胶时要沿着同一方向持续搅拌，以使白乳胶可以搅拌均匀。白乳胶用途最广、用量最大、使用历史最悠久，广泛应用于木材、家具、装修、印刷、纺织、皮革、造纸等行业。

白乳胶的质量主要根据以下两个方面来判定。

（1）看粘合强度。判断环保型白乳胶粘合强度是否合格，可将两块被粘材料沿粘合界面撕开，看其表面被粘材料是否被破坏。

（2）查看不同温度下是否有脱胶。性能较差的白乳胶在高温或低温环境存放一段时间后，会出现脱胶、胶膜发脆等现象，因此有必要做高温热变与低温脆变实验来判定其质量是否可靠（图5-4）。

三、玻璃胶、有机玻璃胶

在装饰工程中所用的玻璃、有机玻璃所用胶粘剂品种繁多，主要如下。

1. 玻璃胶

玻璃胶是将各种玻璃与其他基材进行黏结和密封的材料，主要分为硅酮胶、聚氨酯胶。硅酮胶是一种类似软膏，一旦接触空气中的水分，就会固化成坚韧的橡胶类固体材料（图5-5）。聚氨酯树脂胶是一种具有高强度、抗撕裂、耐磨等特性的高分子材料，具有工艺适用性好、粘合力强、无毒等优点，适用于玻璃与玻璃之间、同品种塑料之间（聚乙烯、聚丙烯、聚酯、聚酰胺、聚氨酯类）粘接。

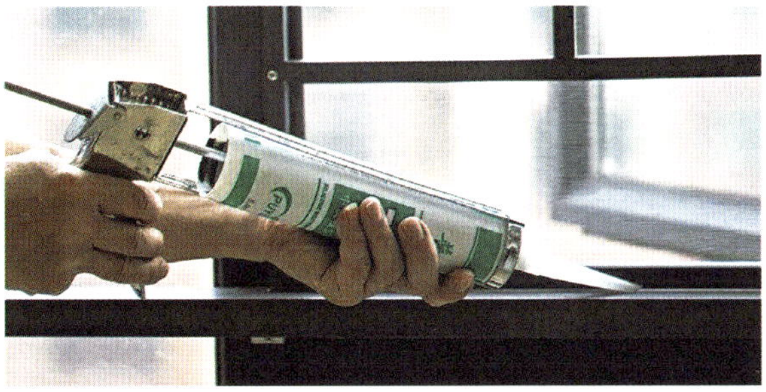

图5-5　玻璃胶施工
在玻璃胶施工时，顺着一条线一次性完成，不要有停顿，用力要均匀，一次性完成。打胶前要做缝隙两边保护，在缝隙两边的玻璃、型材、石材等材质上贴美纹纸，能起到保护作用，同时也能修正缝隙中的胶体轮廓。

图5-6　有机玻璃胶
有机玻璃胶会腐蚀有机玻璃板的表面，并留下难以消除的痕迹，因此在粘接时可以预先贴美纹纸来保护无须粘接的部位。

2. 有机玻璃胶

有机玻璃（又称亚克力）胶具有温室固化、操作方便、粘接强度高等优点，同时具有优异的耐水、耐冷热、耐酸碱腐蚀等优良特性（图5-6）。

四、砖石胶

砖石胶主要用于大理石、瓷砖粘贴，砖石胶黏结强度高，能改善水泥砂浆的黏稠度，提高水泥砂浆的防水性，操作方便、价格低廉。

1. 云石胶

云石胶由环氧树脂和不饱和树脂两种原料制作而成，云石胶具有硬度高、韧性强、快速固化、耐候性好、耐腐蚀性突出等特点。云石胶柔化细腻、拉出的胶线长，现在已经得到了我国北方用户的青睐。

2. 瓷砖胶

瓷砖胶又称为瓷砖粘合剂或粘胶泥，用途广泛，主要是用于面砖、瓷砖、地砖等装饰材料。使用瓷砖胶可以比使用水泥多节约空间，瓷砖胶只要薄薄的一层便可将瓷砖牢牢的固定在地面或者墙面上。

3. 填缝剂

瓷砖填缝剂是一种呈粉末状的物质，与瓷砖胶配套使用，具有良好的耐水性，主要适用于各种瓷砖的填缝，也可用于游泳池瓷砖的填缝。瓷砖贴完之后不要马上使用瓷砖填缝剂，待其他装饰施工全部完成之后再使用，避免瓷砖填缝剂受到污染。

五、万能胶

万能胶品种较多，多为无色透明溶液，易溶于水，用途广泛，用于粘接瓷砖、壁纸、外墙饰面等局部构造。万能胶的强度普遍不高，但是用得最多的粘接材料是塑料、皮革、布料、纸张等轻质材质，这些材质在整个施工中的比例最大，因此称为万能胶。

1. 氯丁万能胶

氯丁万能胶综合使用性能好，在-22~25℃的情况下也不冻结、气味小、涂刷省力、粘接力强、快干省时、又阻燃（图5-7）。

2. 喷刷万能胶

喷刷万能胶无毒环保，黏度低，能用喷枪喷涂，省胶且能提高施工效率。

3. 溶剂油型无苯快干万能胶

溶剂油型无苯快干万能胶是无苯、无卤烃类的粘合剂，符合国家标准要求，不怕水泡。耐酸、碱、粘接强度很高，干燥速度快，节省施工工时，可做印刷覆膜胶。

4. 特级万能胶

特级万能胶属于低毒万能胶的绿色产品，是一种无苯低毒万能胶。特级万能胶毒性在可控范围内，和其他万能胶一样，广泛应用于装饰施工中，价格因品牌而有所不同。

5. 水性防腐万能胶

水性防腐万能胶具有防腐蚀功能，能用水调和。水性防腐万能胶是一种具有耐水、防腐、无污染，性能优良且适用范围广泛的万能胶，粘接力强，使用寿命可达10年以上。

图5-7　氯丁万能胶
氯丁万能胶粘接广泛，可适用于各种板材、防火板、金属板，还可渗透到皮革、橡胶、塑料等材料中，抗老化性好。

第三节　胶粘剂选用方法

绝大多数装饰胶粘剂是快速挥发性溶剂材料，即快干材料，在干燥过程中散发的有害物质很多，达到整个胶粘剂的90%以上，完全干燥后缓慢释放有害物质的周期不超过1年。

因为市场上胶粘剂的品质的良莠不齐，所以国家针对这一现象制定了GB 18583—2008《室内装饰装修材料·胶粘剂中有害物质限量》，规定中将室内装修用的胶粘剂中有害物质做出了限量和明确规定（表5-1～表5-3）。

一、胶粘剂外包装识读

不要选用没有标明品名、产地、厂名、规格、出厂日期等信息的产品，因为这种胶都是没有生产许可证的小作坊生产出来的。下面以墙纸胶粉为例，介绍胶粘剂的外包装信息与产品质量（图5-8）。

二、正确选择胶粘剂

1. 看品牌

劣质胶粘剂使用寿命不长，同时它含有的有毒物质较多，对人体健康的影响非常大。因此在挑选胶粘剂时要选择大品牌且知名度较高的胶粘剂。

2. 比价格

比较直观的方法就是比价格，有些胶粘剂为了节省成本，会在胶粘剂中添加一些有毒有害物质来降低成本。

表5-1　胶粘剂中总挥发性有机物的限量　　单位：mg/L

项目	指标
总挥发性有机物	≤100

表5-2　溶剂型胶粘剂中有害物质的限量　　单位：mg/L

序号	项目	指标			
		氯丁橡胶胶粘剂	SBS胶粘剂	聚氨酯类胶粘剂	其他胶粘剂
1	甲醛	—	≤0.5	—	—
2	苯	—	≤5.0	—	—
3	甲苯/二甲苯	≤200	≤150	≤150	≤150
4	甲苯二异氰酸酯	—	—	≤10	—
	二氯甲烷	—	≤50	—	—
5	二氯甲烷	总量≤5.0	总量≤5.0	—	≤50
	总挥发性有机物	≤700	≤650	≤700	≤700

表5-3　水基型胶粘剂中有害物质的限量　　单位：mg/L

序号	项目	指标				
		缩甲醛类胶粘剂	聚乙酸乙烯酯胶粘剂	橡胶类胶粘剂	聚氨酯类胶粘剂	其他胶粘剂
1	甲醛	≤1.0	≤1.0	≤1.0	—	≤1.0
2	苯	—	—	≤0.2	—	—
3	甲苯/二甲苯	—	—	≤10	—	—
4	总挥发性有机物	≤350	≤110	≤250	≤100	≤350

3. 闻气味

优质的胶粘剂的味道会比较温和，劣质的胶粘剂有刺鼻的气味。

4. 试一试

对于标明可以接触皮肤、无刺激、无污染的产品，可以尝试涂抹一点在手背处，观察有没有刺痛或不适症状，如果没有那么说明这种胶粘剂十分环保。

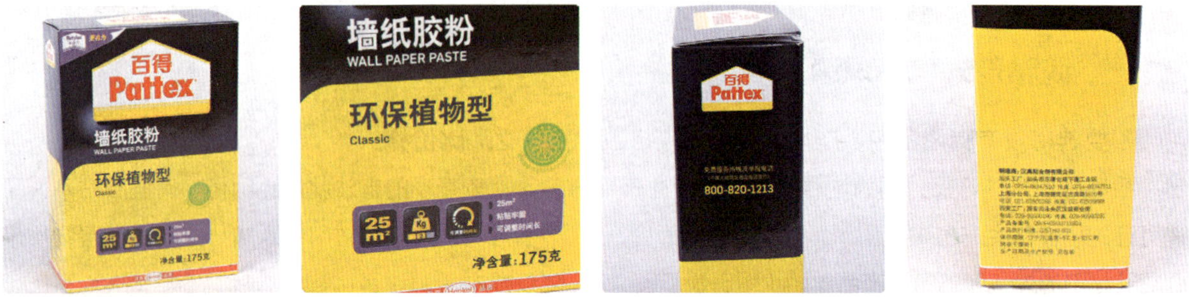

（a）查看外包装的完整度　（b）注意识别环保标志　（c）注意鉴定联系电话　（d）识读生产厂商与地点

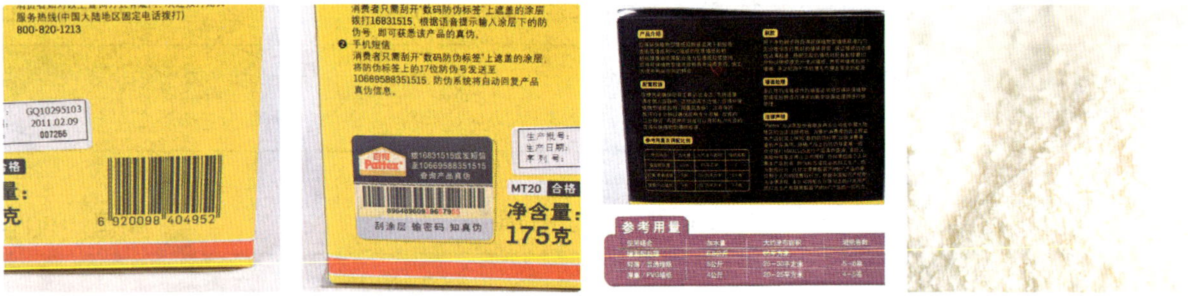

（e）商品条码　（f）防伪条码与号码　（g）详细的使用说明　（h）产品质地均衡无杂质

图5-8　外包装识读

优质产品的外包装上文字与图形应当清晰、均衡，无色彩差异，标识信息文字齐全，无遗漏。

本章小结

胶粘剂发展历史悠久，是装饰设计与施工的必备材料，用于填充材料、构造之间的缝隙，能起到密封、防尘、防水的作用。胶粘剂应专材专用，胶粘剂的分子结构应低于被粘贴材料的分子结构。市场上的胶粘剂种类繁多，质量参差不齐，在进行挑选时要多加用心，通过问、闻、看、对比的方式选择质量好的胶粘剂。

★课后练习

1. 常规胶粘剂中主要有哪些成分？
2. 糯米胶粘贴墙纸的优势是什么？
3. 白乳胶除了能粘贴竹木板材，还能粘贴哪些材料？
4. 有毒害物质在胶粘剂中主要起到哪些作用？查阅资料并思考是否有无毒无害的替代产品。
5. 查阅资料，分析我国建筑装饰胶粘剂的发展应用历史，讨论胶粘剂应用变革与国民经济发展的关系。

第六章

涂料

识读难度：★★★★☆

核心概念：构成、成膜、限量

章节导读

涂料品种繁多，以专材专用的原则选用。涂料能形成黏结牢固且具有一定强度与连续性的固态薄膜，对装饰构造能起到保护、装饰、标志作用。现代装饰施工中出现了越来越多的新型环保涂料，用来替代传统产品（图6-1）。

图6-1　涂料装饰墙面

第一节　涂料组成

涂料的品种繁多、功能各异，内部成分也比较复杂。很多人将传统涂料统称为油性涂料，简称油漆，如醇酸漆。而将加水稀释后使用的水性涂料称为涂料，如乳胶漆。现代工业生产的涂料产品包括油性涂料与水性涂料，涂料是总称。涂料的组成分为主要成膜物质、次要成膜物质、稀释剂和助剂四类。

一、主要成膜物质

涂料的主要成膜物质将涂料中的其他组成黏结成一个整体，能够牢固附着在被涂饰材料的基层表面，从而形成连续、均匀、坚韧的保护膜。

1. 油料

涂料中使用的油料主要是植物油，按其能否干结成膜与成膜时间长短，分为干性油、半干性油和不干性油（表6-1、图6-2、图6-3）。

2. 树脂

如果仅用油料制作涂料，往往不能满足现代施工要求。现代涂料大量采用性能优异的树脂作为主要成膜物质。这些物质主要以合成树脂为主，如聚乙烯醇系缩聚物、聚醋酸乙烯及其共聚物、丙烯酸酯及其共聚物、氧乙烯-偏氯乙烯具聚物、环氧树脂、聚氨酯树脂等。

图6-2　亚麻仁油
干性油主要成分是亚麻酸、亚油酸等不饱和脂肪酸的甘油酯，一般为浅黄色液体。

表6-1　油料分类

序号	性质类别	品种	特性
1	干性油	桐油、亚麻仁油、苏籽油、梓油等	涂在物体表面，受空气氧化作用和自身聚合作用，经过一周左右的时间便能形成坚硬的油膜，且耐水性良好并具有一定的弹性
2	半干性油	棉籽油、大豆油、向日葵油等	干燥时间较长，需要用一周以上的时间，形成的油膜比较软，并且有粘手的感觉
3	不干性油	花生油、椰子油、蓖麻油等	不能自行干燥而形成油膜，不能直接用于制造涂料

图6-3　椰子油

不干性油的主要成分为甘油三酯，一般为黄色液体。

图6-4　颜料

颜料的品种很多，按资源可分为人造颜料和天然原料，按作用可分为着色颜料、防锈颜料和体质颜料，按化学组成可分为有机颜料和无机颜料。

图6-5　滑石粉

体质颜料也被称为填充颜料，大部分为白色或无色。

二、次要成膜物质

涂料中的次要成膜物质是指涂料中的颜料和填料，颜料能使涂料具有鲜艳夺目的色彩与逼真的质感，填料能增加涂膜硬度，防止紫外线穿透，减少涂料收缩，提高涂膜的抗老化性和耐候性。

1. 颜料

颜料是不溶于水、溶剂的微细粉末状有色物质。它能均匀分散在涂料介质中形成悬浮物，在涂料中不仅能形成色彩，还能使涂膜具有一定遮盖力（图6-4）。

（1）着色颜料。着色颜料的主要作用是使着色物遮盖物面，着色颜料按分为以下几种（表6-2）。

（2）防锈颜料。防锈颜料的使用是为了防止被涂金属材料产生锈蚀，常用的防锈颜料有氧化铁红、铝粉、红丹、锌铬黄等，其中红丹是钢铁防锈涂料的主要防锈颜料，锌铬黄是铝制品防锈涂料的防锈颜料。

（3）体质颜料。体质颜料主要是一些碱土金属盐，如硫酸钡、滑石粉、云母粉、碳酸钙等。它的主要作用就是改善涂膜的力学性能，增加涂膜厚度，减少涂膜收缩（图6-5）。

2. 填料

填料本身不具备遮盖力和着色力，使用适宜的

表6-2　着色颜料常用的品种

颜色	化学组成	品种
红色	无机颜料	朱红、铁红
	有机颜料	甲苯胺红
黄色	无机颜料	铅铬黄
	有机颜料	耐晒黄
蓝色	无机颜料	铁蓝、群青
	有机颜料	酞青蓝
黑色	无机颜料	炭黑、石墨
	有机颜料	苯胺黑
绿色	无机颜料	铬绿
	有机颜料	酞青绿
白色	无机颜料	钛白粉
	金属	铝粉

补充要点

瓷土、凹凸棒黏土、云母粉

1. 瓷土（$H_4Al_2Si_2O_9$）是陶瓷的主要原料，外文名为china clay，产于我国景德镇附近的高岭而得名。纯的瓷土是白色或灰白色、有丝绢般光泽的软质矿物。它是由云母和长石变质，钠、钾、钙、铁等流失，加上水变化而成的，这种作用被称为“瓷土化”或“高岭土化”。

2. 凹凸棒黏土又称坡缕石，是一种具链层状结构的含水富镁铝硅酸盐黏土矿物，结构属2：1型黏土矿物。

3. 云母粉是一种非金属矿物，广泛用于油漆、涂料、颜料等方面。

产品能够改变涂膜性能，还能降低涂料的成本。涂料的填料选用的是细微粉料，粉料分为天然粉料与人造粉料两类。其中常用的有轻质碳酸钙、重质碳酸钙、凹凸棒黏土、滑石粉、瓷土、云母粉、石英粉、膨润土等。

三、稀释剂

稀释剂又被称为溶剂，是一种辅助成膜物质。溶剂能够增加涂料的渗透力，能改善涂料与基材的黏结能力，节约涂料用量，降低工程造价等。涂料中常用的溶剂有酒精、松香水、松节油、苯、二甲苯、丙酮等。稀释剂是有一定毒性的，挥发性气体对人体有一定危害，为了防止空气污染，最好选用松香水、松节油等无毒的溶剂。

四、助剂

助剂能延长涂膜的干燥时间，提高涂料的柔韧性、抗氧化、抗紫外线、抗老化性。常用的辅助材料有增塑剂、催干剂、固化剂、抗氧化剂、乳化剂等，此外还有特殊涂料所使用的阻燃剂、杀虫剂、芳香剂等。

第二节 家具漆

家具漆能使各类家具更加美观亮丽，不仅能改善家具的粗糙手感，而且能保护家具不受天气干湿影响。家具漆主要用于各种家具、构造、墙面、顶面等界面涂装，种类繁多，选择时要认清产品性质。

一、聚酯漆

1. 聚酯漆特性

聚酯漆又称为不饱和漆，是一种多组分漆，漆膜丰满，层厚面硬。不仅色彩丰富，而且漆膜厚度大，喷涂两三遍即可完全覆盖基层材料。聚酯清漆颜色浅、透明度好、光泽度高。

聚酯漆柔韧性差，受力时容易脆裂，一旦漆膜受损不易恢复。调配比较麻烦，比例要求严格，需要随配随用。修补性能较差，损伤的漆膜修补后有印痕，聚酯漆的综合性能较优异，但干固时间慢，容易起皱，漆膜颜色也较白（图6-6）。

2. 正确选择聚酯漆

（1）选择品牌有保障的，此外还要查看聚酯漆的标识，查看各项指标是否达标。

（2）看聚酯漆的固含量、硬度和耐磨性如何。

（3）看聚酯漆的透明程度如何，耐黄性能如何，施工性能如何。

二、硝基漆

硝基漆是比较常见的木器涂料。硝基漆的主要成膜物是以硝化棉为主，配合醇酸树脂、改性松香树脂、丙烯酸树脂、氨基树脂等软硬树脂共同组成（表6-3）。

1. 硝基漆特性

硝基漆装饰效果较好，不易氧化发黄，尤其是白色硝基漆质地细腻、平整，干燥迅速，对涂装环境要求不高，具有较好的硬度与亮度，修补容易。

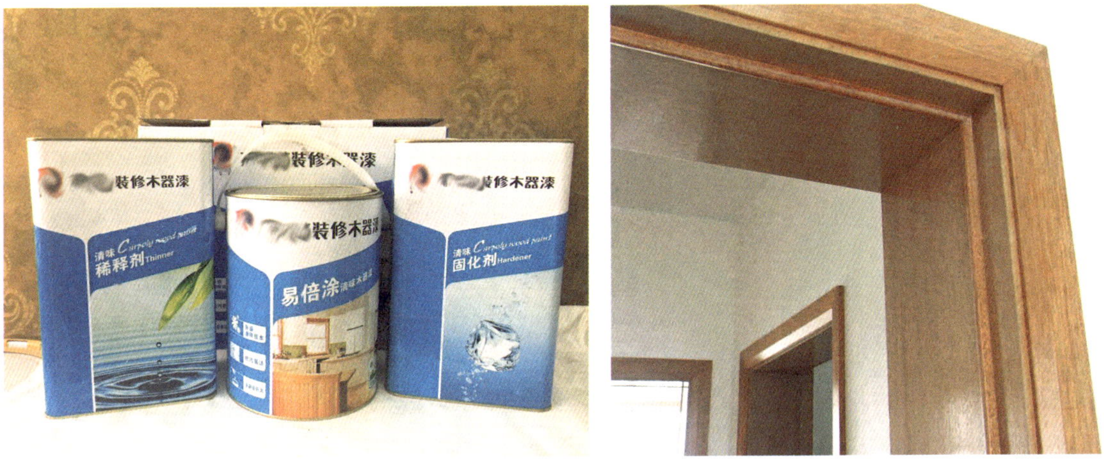

（a）聚酯漆　　（b）聚酯漆涂刷效果

图6-6　聚酯漆保光保色性能好，具有很好的保护性和装饰性

表6-3　硝基漆的种类

序号	名称	特性与用途
1	外用清漆	由硝化棉、醇酸树脂、柔韧剂及部分酯、醇、苯类溶剂组成，涂膜光泽、耐久性好，一般只用于室外金属与木质表面涂装
2	内用清漆	由低黏度硝化棉、甘油松香酯、不干性油醇酸树脂，柔韧剂以及少量的酯、醇、苯类有机溶剂组成，涂膜干燥快、光亮、户外耐候性差，可用于室内金属与木质表面涂装
3	木器清漆	由硝化棉、醇酸树脂、改性松香、柔韧剂和适量酯、醇、苯类有机挥发物配制而成，涂膜坚硬、光亮，可打磨，但耐候性差，只能用于室内木质表面涂装
4	彩色磁漆	由硝化棉、季戊四醇酸树脂、颜料、柔韧剂以及适量溶剂配制而成，涂膜干燥快，平整光滑，耐候性好，但耐磨性差，适用于室内外金属与木质表面的涂装

但是，硝基漆需要较多的施工遍数才能达到较好的效果，硝基漆的耐久性不太好，使用时间稍长就容易出现如失光、开裂、变色等弊病。

在施工中，硝基漆主要用于木器及家具、金属、水泥等界面，因其不是着色颜料，多数都是覆盖保护面板而用，所以一般以透明为主（图6-7、图6-8）。

硝基漆常用包装为0.5～10kg/桶，其中1kg包装产品价格为70～80元/桶，需要额外购置稀释剂调和使用。

硝基漆是中高端家具的主流用漆，喷涂与刷涂均可，在施工时挥发气味较大，毒害物质散发可达到95%以上，正常投入使用后几乎没有挥发性毒害物质，因此，可以认为这是一种环保材料。

2. 正确选择硝基漆

（1）硝基漆的选择方法与清漆类似，只是硝基漆的固含量一般大于40%，气味温和，劣质产品的固含量仅约为20%，气味刺鼻。

（2）硝基漆在运输时应防止雨淋、日光曝晒，避免碰撞，应存放在阴凉通风处，防止日光直接照射，并隔绝火源，远离热源的部位。

图6-7　硝基漆喷涂

硝基漆主要以喷涂为主，在施工前应将被涂物表面彻底清理干净。

图6-8　施工完毕

硝基漆施工完毕后要做好施工保护措施，以防家具漆被磨损掉，放置在通风部位。

第三节　水性漆

水性漆以水为溶剂，在施工中遇到干燥可以直接加水调和稀释，使用方便简单，主要用于大面积墙面涂饰。

一、乳胶漆

乳胶漆又称为合成树脂乳液涂料，是有机涂料的一种，它是以合成树脂乳液为基料加入颜料、填料及各种助剂配制的水性涂料。乳胶漆具备与传统墙面涂料不同的优点，它施工方便，干燥迅速，也非常便于擦洗。

1. 乳胶漆特性

（1）干燥速度快　乳胶漆干燥速度快，在25℃时，30min内表面即可干燥，120min左右就可以完全干燥。

（2）不易变形　乳胶漆耐碱性好，涂于碱性墙面、顶面及混凝土表面，不返粘，不易变色。

（3）色彩丰富　乳胶漆色彩柔和，漆膜坚硬，表面平整无光，观感舒适，色彩明快而柔和，颜色附着力强。

（4）施工方便　乳胶漆调制方便，易于施工，可以用清水稀释，能刷涂、滚涂、喷涂，工具用完后可用清水清洗，十分便利。

2. 乳胶漆种类

（1）亚光漆。亚光漆无毒、无味，具有较高的遮盖力与良好的耐洗刷性，附着力强、耐碱性好，安全环保施工方便，流平性好，是目前主流涂料品种。亚光漆比较柔和，涂刷后光滑、平整，比较耐高温，光泽度低。

（2）丝光漆。丝光漆涂膜平整光滑、质感细腻，具有丝绸光泽、遮盖力高、附着力强、抗菌防霉、耐水耐碱等优良性能。丝光漆涂膜可洗刷，光泽持久，适用于卧室、书房等小面积空间。

（3）罩光漆。罩光漆是一种透明、不泛黄、耐紫外线和化学腐蚀的漆。具有高光泽和高保光性，可用于各种磨损表面，起装饰和保护作用。罩光漆是专门配合溶剂型金属罩光而设计的。适合涂装于室内、外混凝土及墙壁。

（4）高光漆。高光漆具有超强遮盖力，坚固美观，光亮如瓷，同时还具有很高的附着力，高防霉抗菌性能。高光漆耐洗刷、涂膜耐久且不易剥落，坚韧牢固，主要适用于别墅、复式等高档豪华住宅。

（5）其他种类。此外还有固底漆与罩面漆等品种。固底漆能有效地封固墙面，耐碱防霉的涂膜能有效地保护墙壁，极强的附着力，能有效防止面漆咬底龟裂，适用于各种墙体基层使用。罩面漆的涂膜光亮如镜，耐老化，极耐污染，内外墙均可使用，污点一洗即净，适用于厨房、卫生间、餐厅等易污染的空间。

3. 正确选择乳胶漆

（1）看重量。掂量包装，1桶5L包装的乳胶漆约为8kg，1桶18L包装的乳胶漆约为25kg，可以将桶提起来摇晃，优质乳胶漆晃动一般听不到声音，很容易晃动出声音则证明乳胶漆黏稠度不高。

（2）观察黏稠度。购买1桶小包装产品，打开包装后观察乳胶漆，优质产品比较黏稠，且细腻润滑（图6-9、图6-10）。

（3）感受黏稠度。用手触摸乳胶漆，优质产品比较黏稠，呈乳白色液体，无硬块、搅拌后呈均匀状态。

（4）闻气味。闻一下乳胶漆，优质产品应当是很淡的清香，而伪劣产品具有泥土味，甚至带有刺鼻香味，不能被香味所迷惑。

补充要点

乳胶漆不要追求高端产品

乳胶漆购买品牌正宗产品即可，不要追求价格昂贵，越贵的产品利润越高，不法经销商往往在包装桶上做文章，将普通乳胶漆偷换到用过的高档桶中。因此，只需购买品牌产品中的中、低档产品就足够了。

二、真石漆

真石漆又称为石质漆，主要由高分子聚合物、天然彩色砂石及相关助剂制成，干结固化后坚硬如石，看起来像天然花岗岩、大理石一样。真石漆主要用于室内各种背景墙涂装，或户外庭院空间墙面、构造表面涂装，真石漆能给人以高雅、和谐以及庄重的美感，可以使墙面获得生动逼真，回归自然的效果（图6-11、图6-12）。

图6-9 挑起乳胶漆

用木棍挑起乳胶漆，优质产品的漆液自然垂落能形成均匀的扇面，不会断续或滴落。

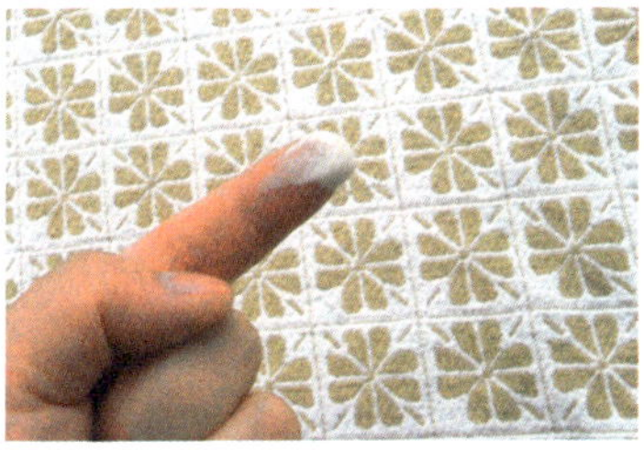

图6-10 拿捏黏稠度

手轻蘸一些乳胶漆，漆液能在手指上均匀涂开，能在2min内干燥结膜，且结膜有一定延展性的为优质品。

图6-11 真石漆喷涂立柱

真石漆喷涂立柱成品后具有色彩自然质感，有害物质较少，且不易褪色。

图6-12 真石漆样本

真石漆样本囊括了各种色彩和纹理的真石漆，在涂料商店均有。

1. 真石漆特性

（1）真石漆具有防火、防水、耐酸碱、耐污染、无毒、无味、粘接力强，永不褪色等特点。

（2）真石漆能有效阻止外界环境对墙面的侵蚀，由于真石漆具备良好的附着力和耐冻融性能，因此特别适合在寒冷地区使用。

（3）真石漆具有施工简便，易干省时，施工方便等特点。

（4）优质的真石漆还具有天然真实的自然色泽。

真石漆主要采用各种颜色的天然石粉配制而成，应用于建筑外墙的仿石材效果，因此又被称为液态石。

2. 真石漆涂层构成

（1）抗碱封底漆。抗碱封底漆的聚合物与颜、填料会在溶剂或水挥发后，渗入到基层孔隙中，能阻塞基层表面的毛细孔，使其具有了较好的防水性能。抗碱封底漆还可以消除泛碱、发花等，同时能增加了真石漆主层与基层的附着力，避免了剥落、松脱现象。

（2）真石漆。真石漆是由骨料、粘接剂、各种助剂和溶剂组成，骨料是天然石材经过粉碎、清洗、筛选等多道工序加工而成，具有很好的耐候性，一般为彩砂、天然石粉、白色石英砂等，相互搭配可调整颜色深浅，使涂层的色调富有层次感，能获得类似天然石材的质感，同时也能降低了生产成本。

（3）粘接剂。粘接剂直接影响着真石漆膜的硬度、粘接强度、耐水、耐候等多方面性能，粘接剂为无色透明状，在紫外线照射下不易发黄、粉化。

（4）罩面漆。罩面漆能增强真石漆涂层的防水性、耐污性，耐紫外线照射等性能，也便于日后清洗，罩面漆主要为油性双组分氟碳透明罩面漆与水性单组分硅丙罩面漆。

3. 正确选择真石漆

（1）看水润度。打开真石漆包装桶看真石漆的水润度如何，视觉上比较干的属于劣质品，乳液含量不够高。

（2）看是否掉色。天然真石漆都是采用自然状态下的彩色石粉碾碎而成，除非是染色材料，否则不应该存在掉色现象（图6-13）。

真石漆在施工时采用喷涂，施工完毕后要涂刷两遍聚酯清漆或硝基清漆，将石砂颗粒封闭固定，这样日后不会脱落，同时也能将真石漆中缓慢挥发的毒害物质封闭起来。

三、硅藻涂料

硅藻涂料是以硅藻泥为主要原材料，添加多种助剂的粉末装饰涂料，它是一种天然环保内墙装饰材料，可以用来替代壁纸或乳胶漆（图6-14、图6-15）。

图6-13 检验是否掉色

取适量真石漆材料放置于净水中浸泡，观察水色是否变化，如果上层水液出现乳白色则为正常，出现黄色以及其他色泽，则可以初步断定乳液不合格或乳液中添加了染色成分。

图6-14 硅藻泥

硅藻涂料适用于别墅、公寓、酒店、家居以及医院等内墙装饰，是一种新型的环保涂料，具有消除甲醛、释放负氧离子等功能，同时也被称为会呼吸的环保功能性壁材。

图6-15 硅藻泥上墙效果

硅藻涂料涂刷后可以使墙面拥有更丰富的自然质感，纹样花饰等也变得更多样化。

硅藻泥特性如下：

（1）硅藻泥是地球上最早出现的一种单细胞藻类生物，生存在海水或湖水中，形体极小，以惊人的速度繁殖，历经亿万年沉积成为水底硅藻泥，它不含任何有害物质及有害添加剂，为纯绿色环保产品。

（2）硅藻泥具备独特的吸附性能，可以有效去除空气中的游离甲醛、苯、氨等有害物质。

（3）硅藻泥由无机材料组成，因此不燃烧，即使发生火灾，也不会冒出任何对人体有害的烟雾，当温度上升至1300℃时，硅藻泥只是出现熔融状态，不产生有害气体等烟雾。

（4）硅藻泥具有很强的降低噪声功能，其功效相当于同等厚度的水泥砂浆的2倍以上，不易产生静电，墙面表面不易落尘（图6-16）。

硅藻涂料是完全无污染的材料，但是硅藻涂料的吸附性是有极限了，室内其他异味，如油烟、香烟、潮湿霉变等气味会被硅藻涂料吸附，达到饱和且气温升高后又会再次释放，二次污染室内环境，因此要注意室内的通风换气，硅藻涂料适用于相对洁净的卧室等室内空间。

四、灰泥涂料

灰泥涂料作为一种墙面装饰材料，相对其他材料来说比较环保，在国外装饰工程中已经在广泛使用了，但是国内现在使用灰泥涂料相对较少（图6-17）。

灰泥涂料是取自石灰岩矿，掺杂其他矿物质而成的室内墙面装饰材料。灰泥涂料的主要成分是石灰岩矿，在开采之后经过高温燃烧，排除二氧化碳成分，成为“生石灰”水之后，再加入水反应成碱性“熟石灰”。熟石灰在水中会缓慢进行结晶反应，所以存放的越久，涂料的颗粒就越细致（图6-18）。

灰泥涂料透气性好，能够有效地防止墙体表面结露返潮，能够抑制细菌的增长。它具有较高弹性，一般不容易开裂。非常耐擦洗，抗污能力非常强，遮盖性和耐磨性好，有着类似泥巴的黏性、和易性。

图6-16　硅藻涂料调和

硅藻涂料调和后完全干燥需要48h，48h后可以用喷壶喷洒少许清水，以保证其湿润度。因其材料的颗粒具有一种孔道多孔结构，使其具有极强的吸附性和离子交换性。因此，硅藻泥不仅可以吸附异味，分解甲醛、苯、氡等致癌物质，还能持续缓慢释放负氧离子。

图6-17　灰泥涂料状态

灰泥涂料可以调色，能够使饰面更加丰富多彩。

图6-18　灰泥涂料饰面效果

灰泥涂料色彩丰富，样式繁多，可以根据房屋的风格挑选合适的灰泥涂料对房屋的墙面进行装饰。

第四节　涂料中有害物质与危害

涂料中存在的有害物质主要为挥发性有机化合物，游离甲醛，可溶性铅、镉、铬和汞等重金属，以及苯、甲苯和二甲苯等。这些材料会造成室内空气质量的下降，影响人体健康。

一、涂料中有害物质的危害

涂料是现代社会中的第二大污染源，在装饰施工中或多或少都会使用到涂料，如果使用的涂料质量不佳，那么后果将非常严重，劣质涂料的危害主要有以下几种。

1. 皮肤刺激

涂料中的有机溶剂蒸气会刺激眼睛黏膜而使人流泪。涂料中的有机溶剂与皮肤接触会导致皮肤干裂而感染污物及细菌。如果有机溶剂接触皮肤表皮，会导致表皮角质化，引起红肿及气泡。涂料溶剂渗入人体内，会破坏血球及骨髓等。

2. 呼吸与消化系统感染

涂料的有机溶剂蒸气经由呼吸器官吸入人体后，往往会对人体产生麻醉作用，大部分蒸气经气管而达肺部，再经血液或淋巴液传送至其他器官，造成不同程度之中毒现象。当人在受涂料溶剂蒸气污染的场所进食、吸烟等，会危害口腔、食道、胃肠，引起恶心、呕吐现象，然后经过消化系统危害到其他器官。

3. 苯系物污染

涂料和装饰胶中大量使用的苯系物（苯、甲苯、二甲苯）会损害造血机能，引发血液病，也可致癌，诱发白血病。

4. 铅污染

涂料会产生铅污染，铅是一种重金属，在涂料的生产中，通常将铅作为助剂添加在涂料中，用以提高涂料的变干速度与漆膜硬度。在涂料中加入铅等重金属虽然能提高产品性能，但是存在非常大的安全隐患。

涂料中的颜料含有铅、镉、铬等重金属，这些物质挥发后通过口腔进入体内，其含量较低时，会随新陈代谢排出体外，对人体影响不大，但如果超过一定限度，就会影响人体的正常生理功能，造成急性中毒。

二、涂料中有害物质的限量

针对这种情况的出现。我国在GB 18582—2008《室内装饰装修材料·内墙涂料中有害物质限量》以及GB 18581—2009《室内装饰装修材料·溶剂型木器涂料中有害物质限量》分别对内墙涂料以及溶剂型木器漆做出了有害物质的限量值（表6-4、表6-5）。

表6-4　内墙涂料中有害物质的限量　　单位：mg/L

有害物质名称		限量值
挥发性有机物		≤200
游离甲醛		≤0.1
重金属	可溶性铅	≤90
	可溶性铬	≤75
	可溶性镉	≤60
	可溶性汞	≤60

表6-5　溶剂型木器涂料中有害物质限量　　单位：mg/L

有害物质名称		限量值		
		硝基漆类	聚氨酯漆类	醇酸漆类
挥发性有机物		≤750	光泽（60°）≥80，600	550
			光泽（60°）≤80，700	
苯		≤45	≤0.5	—
甲苯和二甲苯总和		—	≤40	≤10
游离甲苯二异氰酸酯		—	≤0.7	—
重金属	可溶性铅	—	≤90	—
	可溶性铬		≤75	
	可溶性镉		≤60	
	可溶性汞		≤60	

第五节　减少涂料危害

开窗通风的时间要把握好，白天气温较高时应当将全屋门窗紧闭，待夜间气温降低时再通风，同时夜间室内外气流会加速，能起到很好的通风效果。

一、正确选用环保涂料

有漆的地方都会存在一定量甲醛，但是只要挑选得当，还是能够将污染控制在安全范围内的。

1. 看认证

正规的环保涂料都备有符合国标的质量检验报告和相关证书，涂料外桶也应有“十环认证”标志。购买时可以要求商家出示相应的证书，来辨别是否为环保涂料。如果涂料外桶标有A+认证则为更高的环保级别。

2. 看形态

环保涂料开启后，涂料表面会漂浮一层树脂。搅拌后质感浓厚，亮光漆色泽水白、晶莹透明，亚光漆呈半透明轻微浑浊状，无发红、泛黑和沉淀现象。

3. 闻味道

环保涂料气味温和、淡雅，芳香味纯正；劣质涂料会散发出强烈的刺鼻气味或其他不明异味。即使部分劣质涂料添加了香料冒充环保漆，但依然气味冲鼻。

二、减少涂料危害的方法

为了能够更大程度地减少涂料带来的危害，去除难闻的油漆味，可以注意从以下几点做起。

1. 开窗通风

涂料施工完毕后，至少要通风3个月才能正式使用。在夏季或气温相对较高的时节，开窗通风效果最好，如果空间通风不佳，可以待涂料施工后完全干燥了，将大功率电风扇摆放在房间门口，每天对着窗户方向吹2h，持续10天，能明显改善室内环境。

2. 用热带水果去异味

用水果去除油漆的异味是一种最普遍的也是最受欢迎的方式，可以去除异味的水果主要有柚子皮、橘子皮等，还可以选择菠萝蜜的皮来去除异味，将破开的菠萝蜜放置在刚施工完毕的室内，因为菠萝蜜是粗纤维类水果，既能吸收油漆味，又可以散发出清香的味道，所以放1kg菠萝蜜只需短短几天就可有效吸附异味。

3. 使用柠檬、食醋

除了水果去除异味外，还可以选择柠檬、食醋等物来去除异味。只要将盆中注满凉水，再将食醋、柠檬汁加入凉水之中即可。用柠檬汁、食醋兑水不仅能够去除油漆味，同时这些蒸发的水分还可以保护墙顶的涂料面。

4. 清洁剂

随着科技的日新月异，现在有多种去味清洁剂，只需将去味清洁剂倒入容器中再摆放在室内空间的角落，即可达到去味的作用。

补充要点

减少涂料用量

墙顶面与家具饰面的涂饰占据很大面积，主要是通过涂料来覆盖，这就对涂料的品质有要求。同时，也可以选用其他材料来取代涂料。家具可以选用带有装饰饰面的板材，如生态板、人造免漆板，家具由工厂预制生产，运输到施工现场直接安装，表面无涂料施工。此外，墙顶面可以选用壁纸、硅藻泥、成品装饰墙板、玻璃等材料，这样能杜绝大部分污染。

第六节　涂料构造设计与施工

涂料的施工一般为刷涂、喷涂、滚涂三种方式，三种方式都可以适用于各种涂料，它们的特点各不相同。

刷涂节约材料，但是消耗工时较长；喷涂施工要做好维护包装，比较浪费材料；滚涂集中以上两者的优势，但是无法涉及到局部细微构造。因此在施工中，一般会将透明聚酯漆进行刷涂，白色硝基漆进行喷涂，乳胶漆进行滚涂。

一、溶剂涂料构造设计与施工

溶剂涂料是最传统的涂饰材料，涂刷后能快速挥发干燥，形成良好的结膜，能有效保护装饰构造。根据不同溶剂涂料品种、涂饰施工方法均不同（图6-19），施工前要配齐工具与辅料，熟悉不同溶剂涂料的特性，仔细阅读包装说明。

1. 聚酯漆施工方法

聚酯漆涂饰主要用于木质构造、家具表面涂饰，它能起到封闭木质纤维，保护木质表面，光亮美观的作用（图6-20）。

2. 硝基漆施工方法

硝基漆主要用于涂刷未贴饰面板的木质构造表面，或根据设计要求需将木纹完全遮盖的木质构造表面。硝基漆涂刷后表面平整，干燥速度快，施工工艺具有代表性（图6-21）。

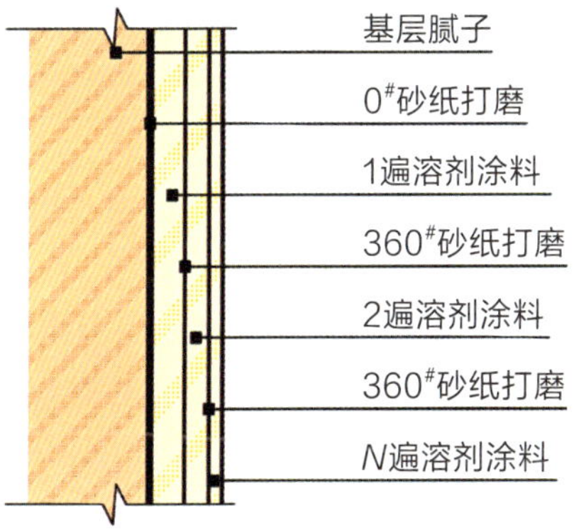

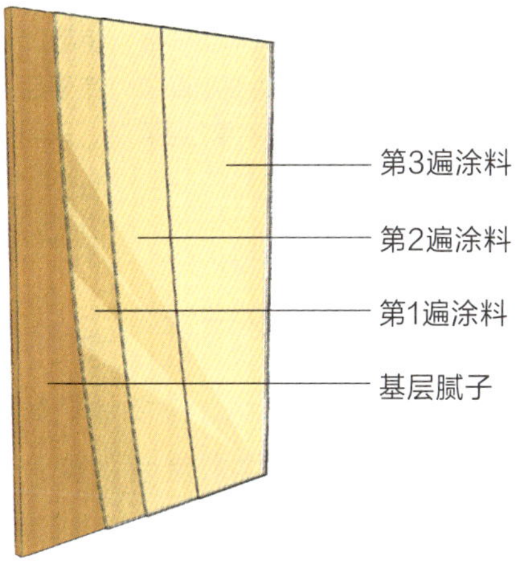

图6-19　常规溶剂涂料涂装构造示意图

每涂刷一次溶剂涂料待其干固后需使用不同规格的砂纸打磨表面。

（a）清扫家具构造表面

（b）修饰边角毛刺

（c）调配修补同色灰膏

（d）填补钉头

（e）打磨平整

（f）周边非涂刷部位保护

（g）调配聚酯漆

（h）羊毛刷刷涂

（i）自然晾干

图6-20　聚酯漆施工方法

清理涂饰基层表面，铲除多余木质纤维，使用0#砂纸打磨木质构造表面与转角。根据设计要求与木质构造的纹理色彩对成品腻子粉调色，修补钉头凹陷部位，待干后用240#砂纸打磨平整。整体涂刷第1遍清漆，待干后复补腻子，采用360#砂纸打磨平整，整体涂刷第2遍清漆，采用600#砂纸打磨平整。在使用频率高的木质构造表面涂刷第3遍清漆，待干后打蜡、擦亮、养护。

二、水性涂料构造设计与施工

水性涂料施工面积较大，主要涂刷在墙面、顶面等大面积界面上，要求涂装平整、无缝，涂料具有遮盖性，能完全变更原始构造的色彩（图6-22）。

乳胶漆是具有代表性的水性涂料，在装饰装修中的涂饰面积最大，用量最大，是整个涂饰工程的重点（图6-23）。

聚酯漆与硝基漆属于油性涂料，挥发性很强，在施工时应当适当打开门窗，避免有害物质在室内长期停留，渗透到其他软质材料中，如软包墙面、布艺沙发等。施工结束待完全干燥了再全面打开门窗通风。乳胶漆等水性涂料的气味就不是很明显，应当在施工时关闭门窗，避免表面快速干燥而导致开裂脱落，施工结束待完全干燥了7天后在打开门窗通风（图6-24～图6-27）。

（a）调配修补同色灰膏

（b）填补钉头与不平整部位

（c）周边非喷涂部位保护

（d）小心打开包装

（e）调配硝基漆

（f）喷枪喷涂

（g）刷涂局部细节

（h）砂纸打磨

（i）自然晾干

图6-21　硝基漆施工方法

清理涂饰基层表面，铲除多余木质纤维，使用0#砂纸打磨木质构造表面与转角，在节疤处涂刷虫胶漆。对涂刷构造的基层表面作第1遍满刮腻子，修补钉头凹陷部位，待干后采用240#砂纸打磨平整。涂刷干性油后，满刮第2遍腻子，采用240#砂纸打磨平整。涂刷第1遍硝基漆，待干后复补腻子，采用360#砂纸打磨平整，涂刷第2遍硝基漆，采用360#砂纸打磨平整。在使用频率高的木质构造表面涂刷第3遍硝基漆，待干后打蜡、擦亮、养护。

图6-22　水性涂料涂饰基层构造示意图

水性涂料涂饰之前需要使用1：2.5水泥砂浆对施工界面进行处理，并涂刷腻子粉，腻子粉完全干固后才可涂刷涂料。

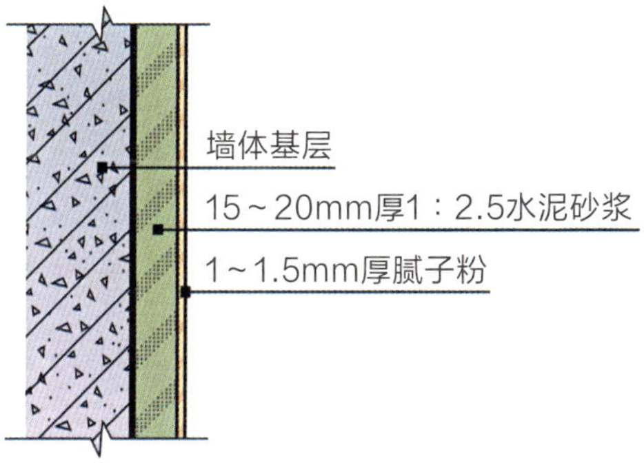

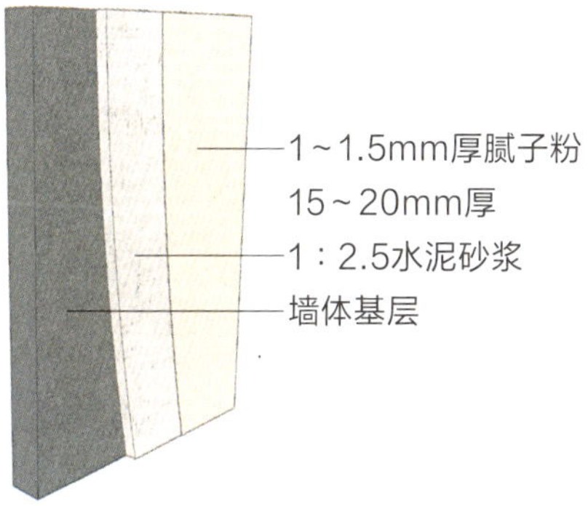

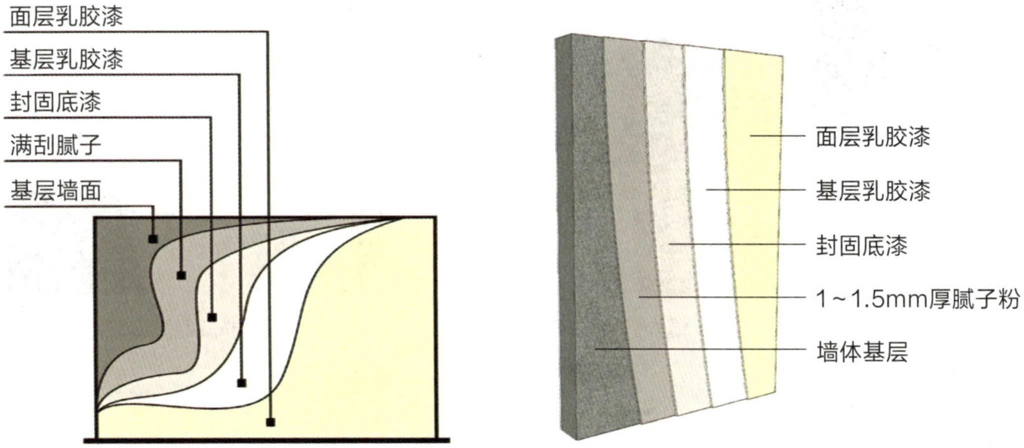

图6-23　乳胶漆施工构造示意图

乳胶漆施工前基层要处理干净，底漆、基层乳胶漆、面层乳胶漆都应涂抹均匀，不宜太厚，也不宜太薄。乳胶漆主要涂刷于室内墙面、顶面与装饰构造表面，还可以根据设计要求作调色应用，变幻效果丰富。

（a）各种材料配置齐全

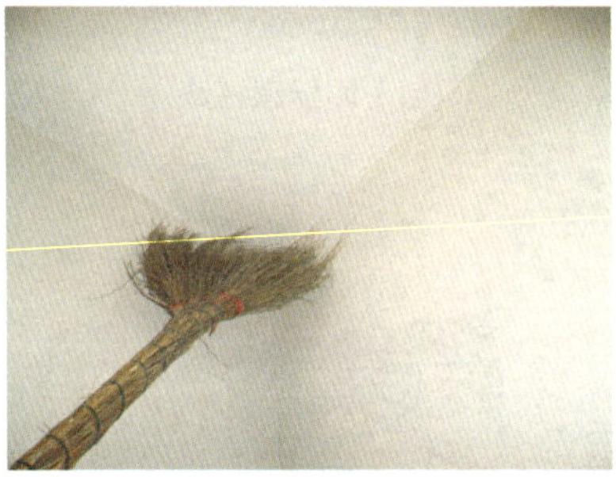
（b）清扫各类角落

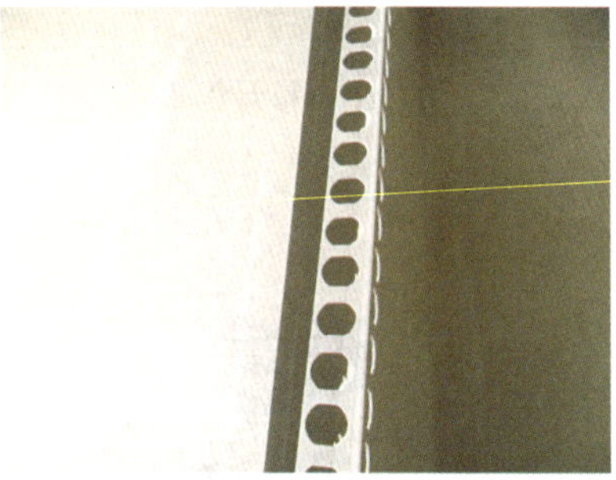
（c）粘贴墙角平整边条

（d）石膏板粘贴防裂带

（e）调配石膏粉腻子

（f）刮涂石膏粉腻子

（g）调配墙面腻子

（h）刮涂第1遍墙面腻子

（i）刮涂第2遍墙面腻子

图6-24　乳胶漆施工方法（一）

（j）在强光下打磨

（k）稀释乳胶漆

（l）调配颜色

（m）调色搅拌

（n）小面积试色

（o）大面积滚涂乳胶漆

图6-24　乳胶漆施工方法（二）

清理涂饰基层表面，对墙面、顶面不平整的部位填补石膏粉腻子，采用封边条粘贴墙角与接缝处，用240#砂纸对界面打磨平整。对涂刷基层表面作第1遍满刮腻子，修补细微凹陷部位，待干后采用360#砂纸打磨平整，满刮第2遍腻子，仍采用360#砂纸打磨平整。根据界面特性选择涂刷封固底漆，复补腻子磨平，整体涂刷第1遍乳胶漆，待干后复补腻子，采用360#砂纸打磨平整。整体涂刷第2遍乳胶漆，待干后采用360#砂纸打磨平整，养护。

图6-25　无窗房间增设通风设备

如果在封闭性较强的空间内选用涂料装修，应当增设排气扇、中央空调等通风设备。

图6-26　硝基漆家具

硝基漆家具的挥发性很强，但是挥发时间短，在通风良好的环境下，一般不超过7天，适用于室内各个部位。

图6-27　浅色室内空间

浅色空间多会采用涂料来装修，为了将污染降低到小，应当减少乳胶漆的用量，乳胶漆用于顶面和局部墙面，装饰墙板、成品楼梯等应当选用成品件，这些材料都是在工厂预先加工好，有害物质都已经挥发过了以后，再到室内安装污染就小很多。

本章小结

涂料的使用丰富了环境空间，虽然对于它的使用褒贬不一，但是不必谈之色变，只要细心挑选环保涂料，同时在使用后做好祛除工作，就不必过于担心涂料污染的问题。部分墙面涂料对比一览（表6-6）。

表6-6　部分墙面漆对比

序号	品种	性能特点	用途	价格/（元/米^2）
1	乳胶漆	质地均匀、遮盖力强、较为环保、不同品牌差价大、质量识别难度大	室内墙面、顶面	15~25
2	真石漆	质地浑厚、遮盖力强、具有石材的效果、色彩品种丰富、施工较复杂	室内外墙面、装饰构造涂装	25~50
3	硅藻泥	品种繁多、孔隙较大、能吸附异味、隔音效果好	室内墙面局部装饰涂装	35~60
4	灰泥	涂料颗粒细致，防止墙体表面结露返潮，能够抑制细菌增长，有弹性	室内墙面局部装饰涂装	40~50

★课后练习

1. 涂料由哪些物质成分组成？
2. 填料在涂料中主要起什么作用？
3. 涂料中的色彩怎样调配？
4. 聚酯漆与硝基漆有什么区别？
5. 乳胶漆的组成原料主要有哪些？
6. 初步考察装饰材料市场，向材料经销商询问关于涂料污染的问题，总结并他们的观点。
7. 涂料带来的污染该怎样防治？
8. 考察周边街、广场旁24字社会主义核心价值观的立体宣传牌，查阅资料，分析外部红色涂料的品种成分，要保持宣传牌的耐候性，该如何正确涂刷涂料。

第七章

墙纸墙布

识读难度：★★☆☆☆

核心概念：风格、材质、功能

章节导读

墙纸墙布是裱糊墙面的装饰纸张或布，墙纸墙布具有色彩丰富、图案多样、装饰豪华、施工便捷、价格便宜等特点，被广泛地用于住宅、办公室、酒店等场所。以纸张为基础材料生产加工的称为墙纸，以纺织、编织材料为基础材料生产加工的称为墙布，也可以将墙纸墙布统称为墙纸（图7-1）。

图7-1　墙纸铺贴墙面

第一节　墙纸墙布基础

墙纸现在已成为室内装饰的主角，是室内空间变换风格、增显艺术魅力的重要装饰材料，主要有以下特色。

一、风格创造

相比较于涂料装饰墙面，墙纸有更多彩的颜色、更丰富的图案。各种压花纹路配合能使墙纸更加绚丽多彩，墙纸既能装饰严肃稳重的办公会议场所，又能点亮活泼奔放的年轻空间，风格款式多样（图7-2～图7-5）。

二、材质多样

墙纸主要有机器印刷的普通墙纸与手工定制的织物墙纸，种类繁多，大部分墙纸都有耐擦拭的优点，表面不易沾灰尘，且耐刮擦。

除了墙纸之外还可以选择墙布，墙布虽然稍贵于墙纸，但是它的吸声、隔声性能却高于墙纸，并且能够调节室内湿度。布面胶底的墙布不仅耐刮擦，而且防水性也不错。

三、功能强大

墙纸贴了一段时间之后可能要换个花样，可以不用撕去原来的墙纸，只需将新墙纸直接重叠贴换即可。新墙纸的色彩应当比旧墙纸深一些，这是因为新墙纸的颜色浅于旧墙纸，旧墙纸会透出底色来，影响美观。

墙纸具有一定时效性，特别是对于湿气很重的南方来说尤其如此，因此墙纸最好6～8年更换。想要延长墙纸的使用寿命，最好的办法就是使用除湿机保持室内干燥（图7-6～图7-8）。

图7-2　3D墙纸
3D墙纸作为最近几年开始流行的墙纸，受到年轻用户的青睐。

图7-3　儿童房墙纸
粉嫩的墙纸给儿童创造出了一个童话般的公主世界。

图7-4　中式墙纸

鲜艳但不艳俗的颜色搭配上造型别致的花枝，寓意美好装饰意味浓厚。

图7-5　西式墙纸

小碎花加上淡灰绿色是西式的标准搭配，西式田园风格。

图7-6　擦拭墙纸

墙纸因为其耐擦拭的特点所以十分便于房间打扫。

图7-7　墙纸沾水渍

墙布大致可分为布面纸底、布面胶底与布面浆底，其中布面浆底防水效果较好。

图7-8　除湿机

除湿机能吸收室内空气中的水分，保持环境空间干燥度，目前在我国开始逐渐普及。

第二节　墙纸墙布品种

墙纸品种多样，在不断改进变革过程中注入了环保元素，使墙纸使用更贴近生活。

一、塑料墙纸

塑料墙纸是目前生产最多、销售最大的墙纸，它是以优质木浆纸为基层，以聚氯乙烯（PVC）塑料为面层，经过印刷、压花、发泡等工序加工而成的。塑料墙纸的底纸，要求能耐热、不卷曲，有一定强度，一般为80～150g/m^{2}的纸张。

塑料墙纸具有一定伸缩性、韧性、耐磨性与耐

表7-1　塑料墙纸品种

序号	名称	图样	特性与应用
1	普通墙纸		以80～100g/m^2的纸张作为基材，涂有100g/m^2左右的PVC塑料，经印花、压花而成，这种墙纸适用面广，价格低廉，是目前最常用的墙纸产品
2	发泡墙纸		以100～150g/m^2的纸张作为基材，涂有300～400g/m^2掺有发泡剂的PVC糊状树脂，经印花后再加热发泡而成，是一种具有装饰与吸声功能的墙纸，图案逼真，立体感强，装饰效果好
3	特种墙纸		具有耐水墙纸、阻燃墙纸、彩砂墙纸等多个品种

酸碱性，能耐潮湿、吸声隔热、美观大方，施工时应采用涂胶器涂胶，传统手工涂胶很难达到均匀的效果（图7-9、图7-10、表7-1）。

二、植绒墙纸

植绒墙纸是指采用静电植绒法，将合成纤维短绒植于纸基上的新型墙纸，常用于点缀性极强的局部装饰，具备有消声、杀菌以及耐磨等特性，且完全环保、不掉色、密度均匀、手感好，花型和色彩都十分丰富（图7-11、图7-12）。

植绒墙纸可以分为纸类植绒和膜类植绒，它既有植绒布所具有的美感和极佳的消音、防火和耐磨特性，又具有一般装饰墙纸容易粘贴的特点。

选择植绒墙纸主要看绒毛长度，绒毛长度合适的才是优质的。可以用指甲扣划检验牢度，注意观察绒毛不密不疏的属于优质品。此外，尼龙毛优于粘胶毛，三角亮光尼龙毛优于圆形尼龙毛。

三、纸基织物墙纸

纸基织物墙纸是以棉、麻等天然纤维制成的各种色泽、花色和粗细不同的纺线，经特殊工艺处理和巧妙的艺术编排，粘合于纸基上而成的。这种墙纸面层的艺术效果主要通过各色纺线的排列来达到（图7-13、图7-14）。

图7-9　塑料墙纸
塑料墙纸拥有很好的装饰效果，同时也具备良好的平整性能和粘贴性能，耐光性也很好。

图7-10　塑料墙纸的运用
塑料墙纸拥有各种各样的色彩和花纹，可以应用于客厅、餐厅以及卧室等地。

图7-11　植绒墙纸
静电植绒墙纸具有不耐湿、不耐脏、不便擦洗等缺点，因此在施工与使用时需注意保洁。

图7-12　植绒墙纸的应用
静电植绒墙纸还拥有丝绒的质感与手感，不反光，具有一定吸声效果，无气味，不褪色，具有植绒布的美感。

图7-13　纸基织物墙纸
纸基织物墙纸质感丰富、立体感强、色调柔和、清淡高雅。

图7-14　纸基织物墙纸应用
纸基织物墙纸无塑料味、无静电，它的强度高于塑料墙纸。

纸基织物墙纸可以用纺线排列出各种各样的图案，线中可以夹杂金丝银丝，能使墙纸看起来有闪闪发亮的质感，除此之外还可以做出荧光墙纸。通过压制方法做出浮雕图案，装饰效果别具一格（图7-15、图7-16）。

四、天然墙纸

天然墙纸是以纸质材料为基地，以编织的麻草为面层，经过复合加工而成的墙面装饰材料（图7-17、图7-18）。

天然材料墙纸风格古朴自然，素雅大方，生活气息浓厚，给人以返璞归真的感受。这种材质的墙纸透气性能也相当好，能将墙体重的水分自然排到外面干燥，不容易卷边、霉变、褪色，色泽自然典雅，无反光感，具有极好的装饰效果（图7-19、图7-20）。

五、棉纺装饰墙布

棉纺装饰墙布是以纯棉平布为基材，经过处理压花、涂布耐磨树脂等工序制作而成的。棉纺墙布

图7-15　金丝图案
纸基墙纸上用金丝绣出图案不仅美观同时显得贵气逼人。

图7-16　金丝图案的应用
红色配金丝就是浓浓的中国风，白色配金丝就是十足的欧洲宫廷风。

图7-17　草编墙纸
天然墙纸选择范围相对来说较少，但是健康环保。

图7-18　草编墙纸的应用
草编墙纸的使用能够使空间显得淡雅大气，简约但不简单。

图7-19　天然材料墙纸
天然材料墙纸具有自然、古朴、粗犷的大自然之美。

图7-20　天然材料墙纸的应用
天然材料墙纸不仅能够装饰墙面同时还能够装饰天花板。

补充要点

墙纸使用量的计算

墙纸用量按房间地面使用面积的2.5～3.5倍计算，也可以精确测量房间，然后进行计算，计算公式为:（周长×高度－门窗面积）×损耗（约1.2倍）。

具有强度较大、静电较弱、无反光、吸声效果好等特点（图7-21、图7-22）。

棉纺装饰墙布主要是用于高档酒店、公共建筑以及高级室内装修。它既能够适用于水泥砂浆、石灰砂浆墙面也适用于石膏板墙面以及胶合板墙面。棉纺装饰墙布除了能够用于墙面的装饰之外，还能够当作窗帘来使用（图7-23、图7-24）。

六、无纺墙布

无纺墙布是采用棉、麻等天然纤维或涤纶等合成纤维，经过无纺成型、涂布树脂、印花等工序而制成的贴墙材料。按照使用原料的不同，无纺墙布可分为棉、麻、涤纶、腈纶等，各种无纺墙布都有繁多的花色品种（图7-25、图7-26）。

无纺墙布具有一定的透气性与防潮性，具耐擦洗性能，同时还不会褪色。它既适用于普通的住宅，同时也非常适合高档酒店与办公空间。其中涤纶棉的墙布具有质地细腻、表面光滑等视觉上更显华贵（图7-27）。

七、丝绸墙布

传统丝绸是指蚕丝织造的纺织品，现代丝绸只

图7-21　棉纺装饰墙布
棉纺装饰墙布吸声性好、色泽美观大方，颜值极高。

图7-22　棉纺装饰墙布的应用
棉纺装饰墙布根据颜色不同能够创造出不同的风格，淡雅的颜色最适合中国风。

图7-23　棉纺墙布
棉纺装饰墙布因为具有布料的质感，也可以当作窗帘的材料来使用。

图7-24　棉纺墙布做窗帘
在夏天棉纺装饰墙布适合当作窗帘使用，既能够遮挡阳光，薄型的棉纺装饰墙布还十分透气。

图7-25　无纺墙布
无纺墙布具有弹性丰富、耐老化性能强等优点。

图7-26　无纺墙布的应用
简单别致的无纺墙布非常适合现代简约风格。

图7-27 涤纶墙布的运用
涤纶墙布满铺沙发背景墙，与布艺沙发搭配具有柔和的视觉效果。

图7-28 丝绸墙布
丝绸墙布颜色多彩、花色多样、选择范围广泛。

图7-29 丝绸墙布的装饰效果
丝绸墙布可做室内装饰的点缀，具有极高的观赏价值。

图7-30 丝绸墙布做玄关装饰
虽然丝绸墙布缺点较多，不适宜大面积的铺贴，但是它本身的装饰作用还是不容忽视的，在一些局部墙面或构造上可以小面积铺装。

图7-31 丝绒墙布
丝绒墙布虽然拥有华贵的外观，但是极其不耐擦洗。

图7-32 丝绒墙布的应用
丝绒墙布一般常被用于KTV等公共空间。

要是经线采用了人造或天然长丝纤维织造的纺织品，都可以被称为丝绸。丝绸上多彩的纺织图案具有极高的装饰作用，丝绸的质感与光泽让空间显得更加华贵（图7-28、图7-29）。

丝绸墙布的纹理细腻、古朴华贵，只是价格较昂贵，普通墙布一般价格为30～50元/米^2，但丝绸墙布价格普遍为50～80元/米^2。丝绸墙布虽然能够起到极强的装饰效果，但是因为它的质地较柔软，因此容易变形。此外，丝绸墙布的施工要求相对较高，不能擦洗、不耐光、不耐脏，在潮湿环境中使用甚至会发霉（图7-30）。

八、丝绒、棉麻墙布

丝绒墙布拥有华丽的外观与厚实的手感，一般在公共空间与软隔断上使用的较多，住宅空间中一般仅少量用于卧室。用丝绒墙布做装饰能够给人华丽、富贵的视觉感受（图7-31、图7-32）。

棉麻墙布不仅具有厚实的触感、极佳的观赏性，同时还具有良好的吸声性能。棉麻质感的墙布朴实、简约，营造出回归自然环境，棉麻墙布大多没有过于复杂的花纹，仅是简单单色，但是却不乏自然美感（图7-33）。

图7-33 棉麻墙布的应用
棉麻墙布多被用于卧室墙面装饰，能营造温馨、浪漫的生活气息。

第三节　墙纸墙布优缺点

一、优点

1. 花色款式多

墙纸的花样繁多，丰富的花纹基本能适用于任何装饰风格与空间氛围，此外还可以定制图案墙纸（图7-34、图7-35）。

2. 突出设计风格

根据设计风格可以选择相应的墙布，如北欧风简洁的墙布、欧美风繁复的墙布、中国风素雅的墙布等（图7-36、图7-37）。

3. 施工方便易打理

墙纸的施工现场十分干净，没有粉尘乱飞的现象，并且施工过程非常快，熟练的施工员一天就可以将建筑面积约100m^{2}左右的住宅全部铺贴完毕。后期墙纸打扫也非常简单，只需用湿布或干布擦拭即可。

4. 更换方便

在贴墙纸之前墙面都会涂刷一层基膜，如果是更换墙纸，只需将之前的墙纸洒上水，让其湿润半小时左右再慢慢揭开即可，之后直接在墙面张贴新墙纸（图7-38、图7-39）。或者在原墙纸的基础上张贴新墙纸，但是旧墙纸的颜色不能深于新墙纸，否则新墙纸会盖不住旧墙纸。

5. 遮盖瑕疵

墙纸能对墙面的瑕疵进行有效的遮挡，对裂纹、污迹等有较好的遮盖力。传统的乳胶漆要想更换墙面颜色就只能铲掉原有的墙皮，这样不仅费时、费力、费钱，同时还会产生粉尘污染，在施工时还要将所有家具用东西盖好，浪费人力。

图7-34　植物图案墙纸

在选定图案后，可以根据实际情况选择合适材质，例丝绸布、无纺纸、宣绒布、贡缎布、油画布等。

图7-35　仿真油画墙布

油画墙布的选择范围十分广泛，可以搭配家具色彩来选择合适的墙布。

图7-36　北欧风墙纸

将放大的北欧特色绿植做成墙布，让人产生了融进大自然的错觉。

图7-37　中国风墙纸
简洁素雅的墙纸搭配上线条流畅的中式家具，高雅脱俗。

二、缺点

1. 维修困难

当墙纸铺贴一两年后如果出现问题需要更换墙纸，该花型纹样可能会停产或具有色差。同时小面积更换墙纸找临时施工员费用较高，自己更换又很麻烦。因此在铺贴时就要认真严谨地施工，选用优质墙纸胶。

2. 开边裂缝

墙纸铺贴施工之前要做好墙面底层处理，否则会出现开边现象。开边裂缝的原因还在于铺贴施工后没有紧闭门窗，造成墙纸边缝的胶快速干燥收缩，导致开裂，或是日常室内干湿度变化较大，墙纸伸缩不均，导致开裂。墙纸的颜色、花色种类繁多，后期出现问题补救起来非常困难。墙纸在张贴时，如果没有做好防水、防潮处理，后期可能会出现发霉等状况（图7-40）。

3. 造价高

对比涂料而言，墙纸的价格相对较高，普通墙纸价格为30～60元/米^2，高档墙纸价格为60～100元/米^2。墙纸5～8年需要更换，才能保持它的美观性。

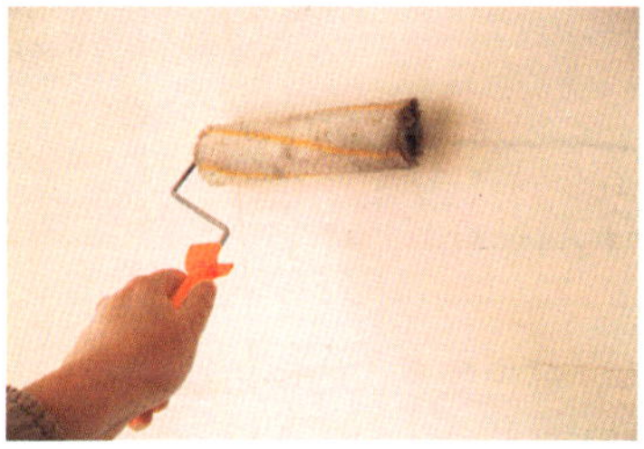

图7-38　涂刷基膜
墙纸基膜能有效防止施工面的潮气水分与碱性物质外渗，避免对墙体造成伤害。

图7-39　铺贴墙纸
墙纸的粘贴需要专业施工员进行工作，从上向下铺贴，同时用塑料刮板将墙纸背后的多余胶赶压平整，特别要注意对齐边缝。

图7-40　墙纸发霉

第四节　规避隐藏危害

墙纸较其他墙面装饰材料来说还是非常环保的。但是部分产品中还是含有一定的有害物质。

一、PVC材质污染

PVC（聚氯乙烯）材质墙纸具有强大的可塑性，

能够模仿棉麻、丝绸、天然等各种材质的纹理。PVC材质墙纸不仅能够模仿各种布料，还能够模仿各种木材的纹路。PVC墙纸虽然比较畅销，但是它也存在一定危害性。普通PVC材质的墙纸是没有毒性的，但是PVC（聚氯乙烯）在高温下会释放氯化氢，氯化氢有刺激向，对上呼吸道、眼睛、皮肤黏膜有腐蚀，氯化氢遇氰化物有剧毒能产生剧毒（图7-41）。

二、PVC墙纸助剂污染

墙纸有无毒除了看PVC树脂是否符合标准之外，还要看PVC中的助剂，由于PVC稳定性差，加工时需要添加助剂，如热稳定剂，而热稳定剂中如果采用铅盐稳定剂、钡盐稳定剂、镉盐稳定剂等对人体都有一定程度危害，目前我国已大力推行采用有机锡等绿色环保稳定剂。

补充要点

PVC加工的热稳定剂

1. 铅盐稳定剂　铅盐稳定剂具有超强的热稳定性、卓越的电绝缘性，而且价格低廉，在生产PVC墙纸时添加了铅盐稳定剂后，会在空气中散发对人体有害的物质，有安全隐患。

2. 钡盐稳定剂　钡盐稳定剂是一种无机盐类，常被用于涂料、橡胶、造纸等工业，钡盐中除了不溶于水与酸的硫酸钡无毒，其他的钡盐都具有毒性，钡盐中毒的症状主要表现为恶心、腹痛、呕吐、腹泻、心肌受累等。

3. 镉盐稳定剂　镉盐是一种白色晶体，使用了镉盐稳定剂的墙纸，在高温中会散发出有毒的气体，对室内环境造成污染。

4. PVC有机锡热稳定剂　是国际上广泛采用的环保型添加剂。

三、墙纸生产与施工中的污染

墙纸在生产加工过程中，由于原材料、工艺配方等方面的原因，可能残留铅、氯乙烯、甲醛等有害物质，这些有害物质不能得到有效控制，将会造成室内空气污染，严重威胁人的身体健康。

图7-41　PVC墙纸运用

国家有关标准中对PVC材质的墙纸中氯乙烯的含量做出了明确的规定，氯乙烯的含量在1mg/kg以下就是符合标准的。

图7-42　糯米胶

墙纸胶粘剂的种类很多，其中最环保的就是糯米胶，环保的糯米胶甚至可以食用。

墙纸美丽的图案大部分都是打印出来的，要打印就需要使用到油墨，而油墨中含有铬黄，铬黄在遇硫化氢时变黑、遇碱时变红，具有一定毒性。

墙纸粘贴会用到胶粘剂，因此胶粘剂直接关系到室内空气质量和铺贴质量。在选择胶粘剂时应考虑其环保性能。墙纸胶粘剂具有良好的浸透力，通常采用大量的挥发性有机溶剂，因此在施工过程中，会释放出甲醛、苯、甲苯、二甲苯、挥发性有机物等有害物质（图7-42～图7-45）。

四、受潮导致的发霉污染

墙纸施工前，如果没有做好基层处理，后期墙面就会渗水，墙纸、墙面就会发霉。墙纸最大的弱点是容易发霉，不像乳胶漆类墙面发霉处理方便，

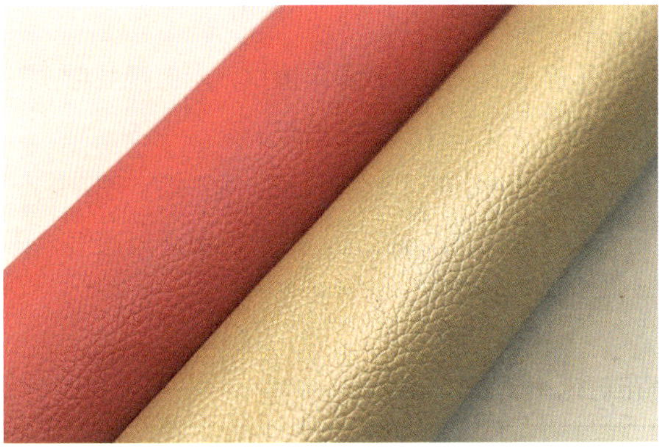

图7-43　皮革墙纸

皮革墙纸纹理质感清晰，视觉效果好，比较受欢迎，它潜在的危害相对较多。

图7-44　图案美丽的墙纸

图案美丽的墙纸大多数都是要用油墨印刷出来的，油墨存在一定毒害性。

发霉的墙面会产生霉菌孢子，对人长期接触霉菌孢会有中毒危险。

在施工中，要对铺贴墙纸的墙面要预先进行防水处理，临近厨房、卫生间、阳台或室外空间的墙面要涂刷防水涂料，普通室内墙面要涂刷墙固涂料，对于特别潮湿的房间尽量不选用墙纸材料装饰（图7-46）。

图7-45　变红的墙纸

碱性水渗透出来，遇到含有铬黄的墙纸就会变红，遇碱性水不变红的墙纸则不含有铬黄。

补充要点

墙纸污染

天然纺织物墙纸，如纯羊毛墙纸中的织物碎片是一种致敏源，很容易污染室内空气。塑料墙纸中含有未被聚合的单体与塑料老化分解，可向室内释放大量的有机物，如甲醛、氯乙烯、苯、甲苯、二甲苯、乙苯等，严重污染室内空气。如果房间门窗紧闭，室内污染的空气得不到室外新鲜空气置换，这些有机物会聚集起来使人体健康受到损害。因此，墙纸室内空间应当多开窗通风透气。

图7-46　墙纸发霉

墙纸发霉的情况一般在我国南方地区比较常见，因为南方为多雨潮湿的地方，南方家庭贴墙纸一定要及时对房间进行除湿工作。

五、绿色墙纸选择方法

1. 看材质

墙纸的材质包括天然墙纸与和合成墙纸，天然墙纸有丝绸墙纸、植物墙纸、木浆墙纸等，合成墙纸有PVC材质的墙纸等。在材料的选择上当然是天然的更好。

2. 看图案

优质墙纸图案精致细腻，有层次感，无色差，色调过渡自然，对花准确。优质墙纸看上去自然、舒适且立体感强。

3. 细擦拭

环保墙纸只要用微湿布擦拭，不出现脱色或脱层现象，不要选择脱色的墙纸。

部分墙纸墙布对比见表7-2、图7-47、图7-48。

将墙纸展开放置3天，打开门窗通风透气，再进行铺贴，能有效去除有害物质。

表7-2 部分墙纸墙布对比一览表

序号	品种	性能特点	用途	价格/元·米$^{-2}$
1	PVC墙纸	外表光洁、干净，花色品种繁多，抗拉扯能力强、综合性能优越、价格低廉	室内墙面铺装	30～50
2	植绒墙纸	质地绚丽华贵，装饰效果独特，易受潮，纤维易脱落	室内墙面局部铺装	50～80
3	墙布	天然、环保、无味、无毒	室内墙面局部铺装	100～800

图7-47 素色墙纸

素色墙纸适用于外部公共空间，花型与图案能让所有人接受，在视觉上有很强的安全感。

图7-48 图案墙纸

图案墙纸适用于书房、卧室等私密空间，具有很强的个性，适合个人欣赏。

第五节 墙纸铺贴构造设计与施工

墙纸铺装对于施工员的技术水平要求较高，需要施工员有一定施工经验，施工质量要求平整、无缝。普通墙纸是指传统的纸质墙纸、塑料墙纸、纤维墙纸等材料，普通墙纸基层一般为纸浆，与壁纸胶接触后粘贴效果较好，壁纸铺装粘贴工艺复杂，成本高，应该严谨对待（图7-49、图7-50）。

图7-49　常规壁纸铺装构造示意图

壁纸铺贴基础应当涂刷基膜，这是提高壁纸吸附力的关键，滚涂2遍为佳。

（a）展开墙纸通风透气

（b）墙面滚涂基膜

（c）调配墙纸胶

（d）墙纸胶倒入涂胶器

（e）墙纸涂胶

（f）上墙对花裁切

（g）对齐铺贴

（h）刮板赶压平整

（i）边角裁切处理整齐

图7-50　墙纸铺贴施工方法（一）

(j)湿抹布抚平墙纸

(k)开关插座面板部位开孔

(l)铺贴完成

图7-50　墙纸铺贴施工方法(二)

清理涂饰基层表面，对墙面、顶面不平整的部位填补石膏粉腻子，并用240#砂纸对界面打磨平整。对涂刷基层表面做第1遍满刮腻子，修补细微凹陷部位，待干后采用360#砂纸打磨平整，满刮第2遍腻子，仍采用360#砂纸打磨平整，对壁纸粘贴界面涂刷封固底漆，复补腻子磨平。在墙面上放线定位，展开壁纸检查花纹、对缝、裁切，设计粘贴方案，对壁纸、墙面涂刷专用壁纸胶，上墙对齐粘贴。赶压壁纸中可能出现的气泡，严谨对花、拼缝，擦净多余壁纸胶，修整养护7天。墙纸铺贴时要紧闭门窗，防止墙纸边缘胶水快速干燥而导致起翘，应当在铺贴完毕5天后再打开门窗通风。

本章小结

市面上的墙纸墙布品种丰富，关注壁纸墙布的材质特性，根据质感与设计风格来搭配，精确计算用量，避免浪费。对于常规室内空间，大多选用PVC墙纸，对于特色空间，可以在局部墙面铺贴特殊材质的壁纸墙布。施工完毕后注意封闭门窗，待胶黏剂完全干燥后再进入后续施工。铺贴墙纸墙布后还要注意回避有毒害物质，时刻保持室内空气清新。

★课后练习

1. 墙纸墙布有什么特色?
2. 墙纸墙布主要有哪些品种?
3. 怎样准确计算墙纸墙布的用量?
4. 丝绸墙布与丝绒墙布有什么区别?
5. 墙纸墙布中的有毒害主要有哪些?
6. 怎样选择墙纸墙布产品?
7. 测量自己的房间，在网店上选择墙纸墙布产品，设计铺贴形式，绘制简要设计图并精确计算墙纸墙布的用量?
8. 考察博物馆封闭式橱窗中界面的铺贴材料，分析铺贴工艺与材质纹理，指出这些特征与展品之间存在的联系。

第八章

纺织品

识读难度：★★☆☆☆

核心概念：材料、印染、质量

章节导读

纺织品是纺织纤维经过加工织造而成的梭织布与针织布，这类材料具有较好的柔软性与较强的装饰性，品种花色繁多，属于软装材料。装饰材料中的纺织品主要为地毯、窗帘和床上用品（图8-1）。纺织品是绿色、低碳的软装材料，有成本低、艺术感强的特点，很好地利用，可满足和提高人们生活品质感。

图8-1　墙纸铺贴施工方法

第一节　窗帘

图8-2　竹帘

竹质窗帘质量较重，和纸质的窗帘相比寿命较长，但美观性不佳，安装在窗户外的竹质窗帘长久经受雨水冲刷，容易被腐蚀。

图8-3　纤维面料

天然纤维面料质感比较好，而且触感适度，但是耐高温性能较差，一般选择人造纤维面料较好，价格适中，耐缩水性、抗皱性、耐变色性能很均衡的产品。

我国古代就有窗帘，只不过布料相对较昂贵，人们一般用纸或草、竹遮盖在窗户上，将其作为窗帘，而这种窗帘仅仅只能起到遮阳挡风的作用（图8-2）。

随着现代科技飞速发展，制作窗帘的材质有了质的突破，出现了铝合金、木片、印花布、染色布、遮阳布、提花印布等材料制作的简约窗帘，还有各类具备有抗紫外线、阻燃、节能、吸声、防霉等不同功能的窗帘。至此，真正意义上的窗帘布艺开始发展起来（表8-1）。

一、窗帘布料品种

窗帘布料是制作窗帘不可缺少的一部分，要了解到窗帘布料的薄厚、纤维构成、是否进行过特殊处理等，这些会对今后窗帘使用产生很大影响（图8-3～图8-6）。

表8-1　部分窗帘布艺分类

名称	概念	特点
印花布	在素色坯布上用转移或圆网的方式印上色彩、图案	色彩艳丽、图案丰富、细腻
染色布	在白色坯布上染上单一的颜色称	颜色素雅、自然
遮阳布	在无纺布表面涂覆聚氯乙烯涂层或粘贴金属膜	冬日隔寒、夏日隔热，具有很好的私密性
提花印布	在各种布料基础上，将提花和印花两种工艺结合在一起加工	提花效果显著，色彩丰富柔和，质量较好

图8-4　麻质面料
麻质面料垂感好，肌理感强，比较耐拉扯，使用寿命较长，价格适中。

图8-5　棉质面料
棉质面料质地较柔软，手感好，选择时要看是否有拉丝，关注颜色的明亮度。

图8-6　真丝面料
真丝面料高贵、华丽，由100%天然蚕丝构成，自然、粗犷、飘逸，且层次感强，但价格较昂贵。真丝面料作窗帘具有较好的抗紫外线功能。

二、常规保养方法

刚买回来的布艺窗帘一般都会有异味，使用前需要对窗帘进行必要处理。

1. 清洗

制作布艺窗帘必定会用到化学添加剂，所以存在甲醛，甲醛亲水性强、易溶于水，通过清洗布艺窗帘可以有效地去除布艺窗帘中的部分污染，如果清洗完以后没有味道了，但是挂上一段时间后窗帘又有味道了，说明室内空间中存在其他污染源，需要另外处理。

布艺窗帘材质不同，清洗方法也不同，夏季窗帘2个月洗一次，洗完后尽量自然风干，不要脱水或烘干，烘干会影响布艺窗帘的质感与收缩度，不要暴晒，暴晒会缩短窗帘使用寿命（图8-7～图8-10）。

2. 通风

安装窗帘后要每天开窗通风，让空气流动，将有害气体排到室外，这也是一种最简单有效的方法，只是甲醛释放的周期比较长。

3. 活性炭包吸附

活性炭具有很强的吸附能力，使用初期效果非常好，这是因为活性炭的孔隙具有吸附性能，孔径越小，吸附能力就会越强。将活性炭包吊挂在窗帘上可以起到去除窗帘中有害物质的作用。

活性炭在经过高温暴晒后是不能继续使用的，我国大部分地区阳光最高温度50℃左右，只能蒸发活性炭内部的水分，一个月之后活性炭炭包的吸附能力就会大大减弱，要达到长期除菌并去除窗帘异味的作用，就必须要定期更换活性炭炭包。

图8-7　布艺窗帘
布艺窗帘一般都具有吸附功能，布艺窗帘会吸附空气中的污染气味，因而要经常清洗布艺窗帘。

图8-8　清洗
清洗布艺窗帘先用软刷对局部进行刷洗，然后放入洗衣机内浸泡十几分钟后再洗涤。

图8-9　窗帘吸尘
用吸尘器每周除尘一次，尤其要注意去除棉织窗帘折叠处堆积的灰尘，这样也有助于后期深层次清洗。

图8-10　百叶窗帘清洁

百叶帘在日常清洗中要先将窗户关好，在百叶窗帘上喷洒适量清水或擦光剂，然后用抹布擦干，即可使百叶窗帘保持较长时间的清洁光亮。

三、特殊保养方法

1. 普通布料窗帘

普通布料指的是没有添加其他成分的纯布料，这种布料价格比较便宜，花样款式繁多，综合性能属于中等水平，使用频率较多。

2. 棉麻窗帘

棉麻是一种较为粗厚的棉织物，这种织物具有很强的坚韧性，同时也具备有很好的防水性，清洗棉麻窗帘时可以加入少量的衣物柔顺剂，这样可以让窗帘在清洗后更柔顺、更平整。棉麻窗帘清洗后难干燥，因此不宜在水中直接清洗，宜用海绵蘸些温水或肥皂溶液来回抹，待晾干后卷起来即可。

3. 窗帘洗涤标志

在清洗窗帘前要仔细阅读窗帘底侧两边的洗涤标志说明，有一部分窗帘是不需要经常清洗的，为了避免灰尘累积，从而影响色彩效果，布艺窗帘半年或一年左右洗涤一次（表8-2）。

四、窗帘中的危害

随着科技的发展，市场上涌现多种材质的窗帘，如遮光窗帘就有物理遮光和化学遮光之分。新型材料虽然在一定程度上提高了人们的生活品质，但是凡事都有两面性，窗帘品种多了，污染源也相应变多了。

窗帘面料在加工过程中需要经过印染工艺，所

表8-2　窗帘的洗涤标志一览

图例	洗涤方法	图例	洗涤方法
	可干洗 Dryclean		可用中温熨烫150℃ Iron on medium heat
	可用各种干洗剂干洗 Compatible with any drycleaning methods		可用高温熨烫200℃ Iron on high heat
	可用冷水机洗 Wash with cold water		不可用漂白 Do not bleach
	可用温水机洗 Wash with warm water	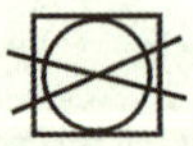	不可转笼干燥 Do not tumble dry
	可用热水机洗 Wash with hot water		悬挂晾干 Dry
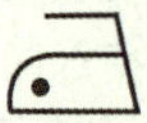	可用低温熨烫100℃ Iron on low heat		平放晾干 Dry flat

用的染料是产生污染的主要源头。

1. 偶氮染料

偶氮染料是染料产品中应用最多的一种（图8-11），染料分子中含有偶氮基。偶氮染料合成工艺简单、成本低廉、牢固度好、染色性能突出，但是会发生还原反应，形成致癌的芳香胺化合物。

2. 致癌染料

致癌染料是指未经还原等化学变化就能诱发人体癌变的染料。目前已知的可致癌芳香胺有23种，由这些芳香胺合成的染料有200多类。这些染料具有非可溶性，用水洗是洗不掉的，使用了这类有毒染料的布料在与人体接触过程中，染料不可避免地会被皮肤吸收，通过还原反应和活性作用，使人体内细胞的DNA发生结构和功能改变，从而诱发癌症。

3. 致敏染料

纺织品中的致敏染料是指能引起人体或动物的皮肤、黏膜或呼吸道过敏的染料，主要用于醋酯、聚酯（涤纶）、聚酰胺（锦纶）纤维的染色过程中。为了降低生产成本并增加出口竞争力，目前国内部分纺织印染企业在生产过程中会使用到致敏染料。

4. 三芳基甲烷染料

三芳基甲烷染料除了会对眼睛产生刺激性作用之外，还会有致癌的风险。三芳基甲烷染料是甲烷分子中的氢被苯取代，从而形成发色结构的一种染料。现在常见的三芳基甲烷染料主要有品红、孔雀绿、甲基紫等。三芳基甲烷染料除了用于布料染色之外，还会被用于纸张、皮革的染色。

五、正确选择窗帘布料

窗帘布料应当满足基本的性能要求，在窗帘出产标识上查看防火标准、防火等级、有害物质含量、环保标准、功能、工艺作用以及甲醛含量等。

窗帘布料中有害物质含量要符合GB 18401—2010《国家纺织产品基本安全技术规范》与GB 50325—2015《民用建筑工程室内环境污染控制规范》中的要求，确保制作而成的窗帘不会对人体健康有害。

（1）布料中化学成分的含量不能超过国家最新颁布的相关标准和规范要求。

（2）窗帘布料要具有基本的性能，如不起皱、不褪色、日晒色牢度达到5~6级、垂感好、耐脏、易清洗、不易藏污垢、色彩柔和、无异味等（图8-12、图8-13）。

（3）窗帘布料必须经过防污、防油渍、抗变形以及抗静电处理。

（4）甲醛含量也必须符合国家标准E1排放标准，如以PVC包覆聚酯纤维为原材料精心织造的产品，不能包含玻璃纤维成分。

图8-11　染料
常用的偶氮染料有苏丹红，属于合成型偶氮染料。

图8-12　触摸
通过触摸窗帘布料来感受其柔滑度，通过嗅觉来查看其是否有异味，是否闻过之后身体会很难受。

图8-13　布料小样
从窗帘布料介绍册或小样上查看布料的相关指标，通过色卡与触摸小样来感受布料的色度和质量。

补充要点

窗帘布料材质

正规厂家的成品窗帘生产成本比小作坊自己加工窗帘要高出许多，小作坊加工利润可高达100%，但是成品窗帘利润一般为50%~70%。小作坊生产出的窗帘因为无人监管所以品质无法保证。部分布料材质对比见表8-3。

表8-3　部分布料材质对比一览

序号	材质	特征	适用场所
1	天然纤维面料	触感适度，耐高温性能较差，价格适中，耐缩水性、抗皱性、耐变色性能不错	客厅、厨房、卫生间
2	麻质面料	垂感好，肌理感强，比较耐拉扯，使用寿命较长，价格比较适中	客厅、书房、卧室
3	棉质面料	质地较柔软，手感好，环保性能高，外观高级	客厅、书房、卧室
4	真丝面料	外观看起来高贵、华丽，为100%天然蚕丝构成，比较自然、粗犷、飘逸，层次感强，但价格较昂贵	卧室、书房

第二节　地毯

地毯是一种高档地面装饰材料，我国是世界上生产地毯最早的国家之一。地毯不仅具有隔热、保温、隔声、吸声、降噪、吸尘、柔软的特点，而且在铺设之后还具有很高的观赏价值（图8-14、图8-15）。

一、地毯耐磨等级

地毯的厚度决定了它的耐磨性。地毯的款式、品种繁多，数不胜数。地毯的分类主要是按照图案、规格尺寸、材质、编制工艺等内容进行分类，一般分为六个等级（表8-4）。

表8-4　地毯等级一览

序号	地毯等级	使用场所
1	轻度家用级	不常用的房间
2	中度家用级（或轻度专业使用级）	主卧室或家庭餐庭中
3	一般家用级（或中度专业使用级）	起居室、楼梯、走廊等行走频繁的位置
4	重度家用级（或一般专业使用级）	重度磨损的位置
5	重度专业使用级	特殊要求场合
6	豪华级	高级装饰的场合

图8-14　圆形装饰地毯
在北欧风格的空间装饰中，地毯的原始作用被降低，逐渐成为了一种装饰品。

图8-15　地毯与挂毯
在我国北方畜牧业家庭中，地毯就相当于地板，挂毯能够抵御严寒。

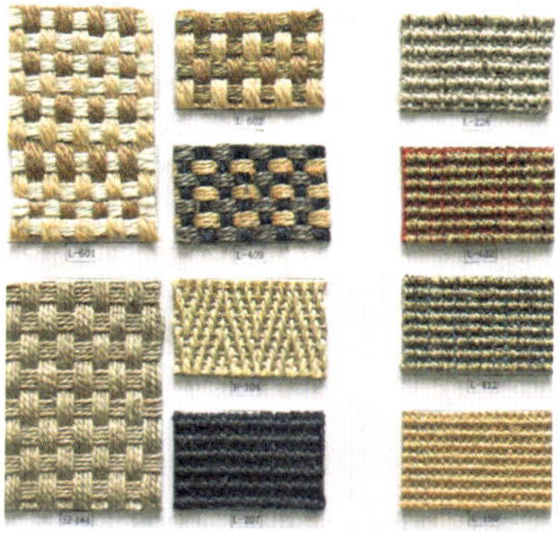

图8-16　剑麻地毯花色品种
剑麻地毯有斜纹、罗纹、鱼骨纹、帆布平纹、多米诺纹等多种花色品种。

图8-17　染色剑麻地毯
剑麻地毯具有耐酸、耐碱。

图8-18　橡胶地毯
橡胶地毯具有色彩丰富、脚感舒适、剪裁方便等特点。

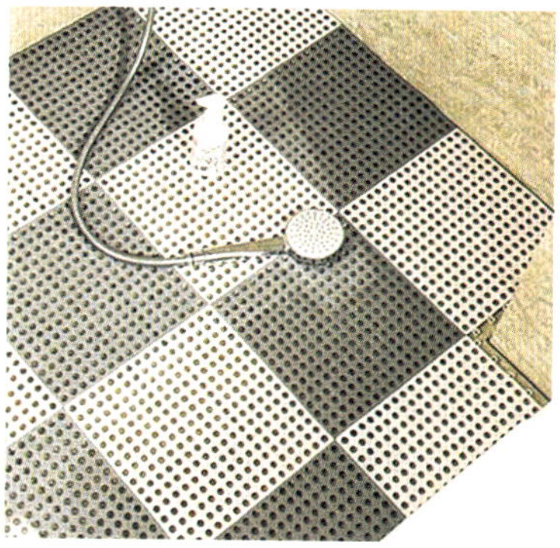

图8-19　橡胶地毯的使用
橡胶地毯常用于淋浴房等接触水比较多的地方。

二、地毯材质品种

1. 剑麻地毯

剑麻地毯主要是采用植物纤维剑麻（西沙尔麻）为原料，经纺纱、编织、涂胶、硫化等多种工序而制成，剑麻地毯主要分为素色和染色两种（图8-16、图8-17）。

2. 橡胶地毯

橡胶地毯的成分主要是天然橡胶，天然橡胶地毯具有隔潮、绝缘、防滑、防霉、清扫方便等特点（图8-18、图8-19）。

3. 混纺地毯

混纺地毯是以羊毛纤维与合成纤维混纺后编制而成的地毯（图8-20）。由于合成纤维品种多，性能各不相同，所以当混纺地毯中所用合成纤维的品种或配比不同时，制成的混纺地毯的性能也各不相同。

4. 纯毛地毯

纯毛地毯主要是指羊毛地毯，采用粗羊毛为主要原料，经过手工编织或机械编织而成，纯毛地毯具有质地厚实、不易变形、不易燃烧、弹性较大等优点。同时羊毛地毯具有极高的观赏价值，是一种高档的铺地装饰材料（图8-21）。

5. 化纤地毯

化纤地毯又称为合成纤维地毯，主要是用机织

图8-20　混纺地毯
具有保温、耐磨、抗虫蛀、强度高等优点，同时混纺地毯价格适中，性价比高。

图8-21　新疆纯羊毛地毯
新疆羊毛地毯是采用和田羊羊毛为原料，毛质纤维粗，宜织造，光泽如丝，染色鲜艳，色彩固着力强。

图8-22　尼龙（锦纶）化纤地毯
化纤地毯又有尼龙（锦纶）、聚丙烯（丙纶）、聚丙烯腈（腈纶）、聚酯（涤纶）等不同种类。室外门前多选用耐磨性更好的尼龙（锦纶）材质。

图8-23　看外观质量
看地毯外观质量时不能只看地毯正面绒毛的质量，背面也是关键。背面编制应当紧密，无多余线头。

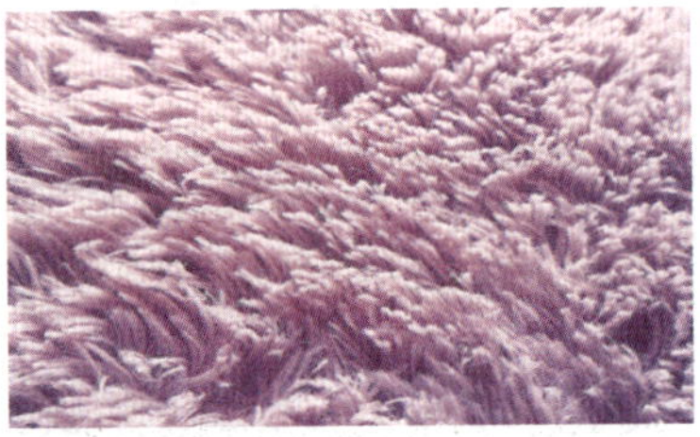

图8-24　看绒头
绒头耐看不耐用的地毯不抗踩踏，易失去地毯特有的性能。

图8-25　客厅地毯铺装
位于建筑低层的房间容易受潮，不宜采用羊毛地毯，可以选择抗污染防霉性能更好的化纤地毯，但是化纤地毯会引起部分人群过敏，因此可以减小地面铺装面积。

法将合成纤维制成面层，与麻布背衬材料复合处理而成（图8-22）。

三、正确选择地毯

同坚硬的地面相比，在地毯上步行感觉舒适、柔软，以下介绍该如何选择优良品质的地毯。

1. 看色牢度

在挑选环保地毯时首先要关注的就是色牢度，用手在毯面上反复摩擦，看手上是否有颜色。如粘有颜色，则说明该产品的色牢度不佳，导致地毯在铺设使用中易出现变色和掉色，对室内环境与人体会存在一定的危害，同时也会影响到地毯在铺设使用中的美观效果。

2. 看外观质量

对于外观质量要看毯面是否平整，有没有色差。进一步检查是否有渗胶、脱衬等现象，涂胶过多或所使用的胶液黏度过小时，就会出现渗胶现象；涂胶过多会造成室内环境污染，而胶液黏度过小则说明胶液质量较差，污染较大（图8-23）。

3. 看地毯的绒头密度

地毯的绒头质量要高，毯面密度要丰满（图8-24），这样的地毯不仅环保，而且结构优良，还具有耐踩踏、耐磨损、舒适耐用的优点。但是部分长毛绒地毯表面看起来很蓬松，但绒头密度稀松，绒头易倒伏变形。

4. 看地毯背衬剥离强力

簇绒地毯背面用胶乳粘有一层网格底布，背衬剥离强力指标≥25N的力值。可用手将底布拉扯剥离，检查粘接的程度，如粘接力不高，底布与毯体就易分离，这样的地毯不耐用（图8-25）。

补充要点

地毯花纹

地毯的花纹与地毯对环境的污染有一定联系，浅色地毯虽然容易受到污染，但是没有经过深度染色，对环境的污染较小。深色地毯往往经过多次染色，对室内环境有较大影响。此外，碎小花纹地毯往往深色较多，对环境的污染也较大。采用部分地毯花纹分类见表8-5。

表8-5　部分地毯花纹分类一览表

序号	地毯名称	特点
1	仿古地毯	以古纹图案、花鸟鱼虫、山水风景为题材，给人以古色古香之感
2	素凸式地毯	色调清淡、纹样剪后清晰美观，犹如浮雕，富有幽静、雅致的情趣
3	彩花式地毯	以黑白为主色，佩仪小花卷纹草等图案，图案清晰活泼，华贵大方
4	美术式地毯	突出装饰图案，构图完整、色彩华丽、富有层次感，具有富丽堂皇的艺术风格
5	北京式地毯	主调图案突出、图案工整对称、色调典雅、庄重古朴、图案具有寓意与象征性

第三节　纺织品中有毒物质与影响

随着科技的发展，出于健康环保考虑，国际上对纺织品的有毒物质禁用范围在不断扩大。纺织品中的有害物质主要是指人们在长期接触的过程中，在一定的条件下产生的对人体有危害的物质。这种有害物质不会像涂料中的甲醛等有害物质快速产生不适反应，它们是在与人体长期接触后缓慢显现出来的。

一、甲醛

甲醛作为常用交联剂而广泛存在于纺织品中，此外，甲醛还用于树脂整理剂、固色剂、防水剂、柔软剂中，涉及方面非常广。含有甲醛的纺织品会释放甲醛，对人体健康会造成很大损害，因甲醛亲水，将纺织品在清水中浸泡24h，会迅速降低纺织品甲醛含量。

二、防霉防腐剂

防霉防腐剂的主要作用是抑制微生物的生长和繁殖，延长产品的保存时间。纺织品、皮革制品和木材、浆料等物中含有五氯苯酚，这种物质对人体具有致畸性和致癌性。

三、杀虫剂

天然植物纤维在种植中会用到多种农药，如各种杀虫剂、除草剂、落叶剂、杀菌剂等。其中有一部分会被纤维吸收并残留在产品上，毒性强弱不

图8-26　儿童房室内布艺选用浅色

一，部分物质非常容易被人体皮肤吸收，从而对人体产生一定毒性。棉花作为布料的主要组成成分，不散农药就会产生严重的虫害。

四、可萃取重金属

使用金属合成染料是纺织品中重金属污染的重要来源，而天然植物纤维在生长过程中，也可能从土壤或空气中吸收重金属。此外，在染料加工和纺织品印染加工的过程中，也可能带入一部分重金属。儿童房内的布艺制品尽量选用浅色，稍许单纯的粉红色也属于浅色系，这些布艺制品的重金属物质添加较少，污染也较小（图8-26）。

本章小结

室内装饰、人的生活离不开纺织品，纺织品会不可避免地会释放出有害物质，应尽量采用符合现行国家标准和污染少的纺织品材料，这是保证室内空气质量的根本。选用正规厂家生产的窗帘、地毯、布料等。在使用过程中要经常清洗，窗帘、地毯间隔6～12月清洗一次，其他纺织品尽量每月清洗，甚至清洗更频繁，能清除其中的有害物质。

★课后练习

1. 窗帘的面料有哪些品种？
2. 窗帘保养方法有哪些？
3. 窗帘中存在哪些有毒害的物质？
4. 地毯有哪些材质？它们的特性分别是什么？
5. 怎样选择地毯？
6. 怎样选择床上用品？
7. 仔细观察生活中新购的纺织品，运用2～3种检测方法，看是否存在有毒物质。
8. 查阅资料，指出我国传统地毯的主要产地，分析地毯上的图案纹理与中国传统文化的关联。

第九章

装修材料污染治理

识读难度： ★★★★★

核心概念： 检测、祛除、吸附

章节导读

新装修的室内空气被各种材料污染是普遍存在的，污染源主要包括甲醛、甲苯、二甲苯、氨、TVOC等，需要对其进行检测、治理。原始治理装修污染的方法，如植物净化、空气流通等已不能满足需求，于是在高科技的支持下，目前已有多种多样的污染治理手段和方法（图9-1）。

图9-1　装饰完毕的室内空间

第一节　装饰装修污染

人体健康与室内空气质量状况有着紧密联系，呼吸系统疾病、心血管系统疾病的发病率和死亡率与室内空气中的细颗粒浓度上升密切相关。

一、室内空气污染特性

在装饰施工中，具有毒性的装饰材料占全部材料的60%以上，这些材料能够挥发出300多种挥发性有机化合物，如甲醛、三氯乙烯、苯、二甲苯等，这些挥发出来的物质能够引发各种疾病。现代人有70%的患病原因与室内空气污染有关。经过大规模装修而患上白血病的老人和儿童占90%。超过80%刚装修完毕的室内空间甲醛超标，70%孕妇流产与室内环境污染有关。装修后的室内空气的污染程度要比室外严重2～5倍，在特殊状况下更有甚至高达100 倍的情况出现。

1. 污染来源广、种类多

室内污染物的来源不仅有建筑物自身的污染，还有室内装饰材料与家具材料的污染。不仅有物理的污染还有化学的污染。

2. 污染物排放周期长

甲醛具有较强的粘合性，用于木质人造板与胶粘剂中，这些材料中残留且未参加反应的甲醛会不停地从材料孔隙中释放出来，甲醛的释放期能够达到15年之久。

3. 人与污染物接触时间长

室内环境是人们学习、工作、生活、休息的主要场所，人有70%的时间是在室内度过的，这样长时间暴露在有污染的室内环境中，污染物对人体作用不但时间长，而且累积的危害更为严重。

二、冬季施工空气污染严重

装饰施工完毕后都会经过甲醛检测，在冬季施工后检测确认甲醛没有超标，但是到了夏天却出现问题，常常令人感到身体不适。甲醛的挥发点为19℃，温度每上升1℃，浓度就上升0.4倍，春夏季气温升高后的释放浓度会超过正常3倍。

我国北方更不适合冬季施工，冬季装修之后检测甲醛，因为甲醛在寒冷情况下不易挥发，所以检测结果为正常，但是一到供暖时节，甲醛就快速挥发，导致室内甲醛超标，损害人体健康状况。室内装饰环境污染的最常用的解决办法是勤开窗通风。

补充要点

人在夏季和冬季的呼吸作用大小

夏季人的呼吸作用强于冬季。夏季天热汗液蒸发吸热，要维持恒定的体温，需要消耗更多能量，因此，呼吸作用会加强，以此分解更多能量。冬季天冷时人们有衣物保暖，要维持恒定的体温所需能量较少，冬季呼吸作用较弱，冬季的嗅觉器官会对外界寒冷空气有自我保护机能，以免对人体造成伤害，人类呼吸也不会像夏季那样频繁。

第二节 控制室内空气污染的方法

装饰工程造成的室内空气污染虽然可怕，但是只要进行严格控制，就不必担心对人体造成伤害。

一、严格控制源头

室内装饰空气污染的污染源主要分为微生物污染物与气态污染物两类。微生物污染物指的是细菌、真菌与过滤性病菌。气态污染物指的是在装饰过程中从各种装饰材料中发散出来的有毒害气体。除此之外还包括在日常烹饪中产生的烟雾颗粒与燃烧后产生的一氧化碳。从污染的源头控制主要指的是要做到以下要求。

1. 隔离产生污染物空间

对装饰材料进行标识研究，必要时需对污染较高的材料进行预处理。如复印机、打印机、蓄电池等，并采取有效排放措施，防止污染空气在室内扩散和蔓延（图9-2、图9-3）。

2. 定期清洗或更换空调易污染部件

如过滤器、消声器、表冷器等，及时排除凝结水，使空调系统保持干燥，以免滋生繁衍细菌。

3. 改进炉具排烟设计

在乡村使用传统煤、生物质燃料时，要对排烟设备进行适当调整，使污染暴露尽量减少到最小，可以将厨房和卧室设计相隔远一些。

二、净化空气污染

室内环境污染问题的日益严重，催发出了不少净化空气的方法，传统办法有植物净化法、果皮去味法等。此外还有离子体放电催化空气净化法、负离子净化法、光触媒法、吸附法、臭氧净化法、静电除尘法等一系列方法。

现代室内空气污染向化学、生物污染方向转变，人们的生活方式、室内装饰、电器设备等多种污染源，都向室内空气中散发出有毒害的物资，空气中含有烟雾、霉菌、孢子、细菌、纤维、尘埃等混合污染物，促进了空气净化器的发展（图9-4）。

图9-2　木材做好标识

所有的板材、地砖、胶粘剂等装饰材料要做好标识。

图9-3　打印室隔离

复印机最好独立放置在一间房内，尽量远离办公人群。

图9-4　空气净化器

单机类空气净化器主要用于面积较小的室内空间。

图9-5　新风系统

新风系统是一套独立的空气处理系统，它由送风系统和回风系统组成。

三、通风控制空气污染

加强室内通风换气，用室外新鲜空气来稀释室内空气污染物，能有效改善室内空气品质，这是一种使用方便、范围广泛、节能省钱的控制方法。在减少能耗和提高室内空气品质的前提下，自然通风既能有效改善室内热环境，又能保证良好的室内空气的品质。但是这种方法前提是室外空气条件要求极佳，对于雾霾严重的地区，开窗通风换气就不合适。

室外空气不佳可以使用新风系统，以前新风系统主要用于酒店、博物馆等大型活动场所，现在住宅家居也可以安装，能拥有一套功能强大的新风系统（图9-5）。

第三节　能净化空气的植物

采用植物净化室内空气，可以给人们带来愉悦感、镇静感和安全感（表9-1）。

植物吸附法是指室内污染物质，可以通过植物叶背面的微孔道被引入植物体内，植物根部共生的微生物也能自动分解污染物，且分解产物会被植物根部吸收。如吊兰、芦荟等能把甲醛转化为糖类、氨基酸等物质。

表9-1　室内常用净化空气植物

序号	植物名称	图例	净化功能
1	虎尾兰		虎尾兰可吸收室内部分有害气体，能有效清除二氧化硫、氯、乙醚、乙烯、一氧化碳、过氧化氮等有害物，白天可释放大量氧气。一盆虎尾兰可吸收10m^{2}左右房间内80%以上的有害气体，两盆虎尾兰基本上可使普通住宅室内空气基本净化。在室内养殖虎尾兰能在冬季减少开窗换气
2	芦荟		芦荟中含的多糖和维生素，对人体皮肤有良好的营养、滋润、增白作用。芦荟具有吸附净化甲醛的功效，芦荟颜色十分丰富，以淡红色和正红色最为常见，也有黄色和白色
3	吊兰		吊兰是一种比较知名的吸附甲醛植物，室内种植多盆吊兰相当于一个小型空气净化器，在一天之内能够杀死室内80%的有毒害物质，吸收掉86%的甲醛，吸收掉室内90%的一氧化碳

续表

序号	植物名称	图例	净化功能
4	龙舌兰		龙舌兰的原产地是美洲热带，具有坚强的生命力，即使在南方冬天，只要有充足的阳光，龙舌兰亦能适应。在室内放置多盆龙舌兰能够吸收70%的苯、50%的甲醛与30%的三氯乙烯
5	常春藤		常春藤不仅能够美化环境，同时具有降温、减尘、增氧、减少噪声等作用，常春藤具有优先吸附甲醛、苯、TVOC等有害气体的特点，达到净化室内空气的效果
6	绿萝		绿萝不仅拥有顽强的生命力同时还拥有极强的净化空气的能力，在装饰施工完毕后摆放几盆绿萝在室内，它能够同时净化空气中的苯、三氯乙烯和甲醛
7	非洲菊		非洲菊原产于非洲南部的德兰士瓦，对于环境的要求较高，喜爱阳光充足的地方，最适宜的温度在20～25℃，能吸收二甲苯和甲醛
8	白鹤芋		白鹤芋原产于美洲热带地区，除了极高的观赏价值之外还能够过滤室内废气，对付氨气，丙酮，苯和甲醛都有一定功效。用水根栽培的白鹤芋，可以透过蒸散作用调节室内的温度和湿度，能有效净化空气中的挥发性有机化合物，如酒精、丙酮、三氯乙烯、苯、甲苯、一氧化氯、臭氧等
9	柠檬香蜂草		柠檬香蜂草的清香能够去除头痛、腹痛、牙痛，有助于治疗支气管炎以及消化系统疾病，还能够吸附甲醛、氡气、苯气、氨气、二氧化硫以及烟味、异味、二氧化碳等有毒气体，具有快速的负离子释放速度，能够有效的消毒杀菌，在有毒害的环境中能够良好生长
10	龟背竹		龟背竹具有晚间吸收二氧化碳的功效，对改善室内空气质量，提高含氧量有很大帮助，优先吸附甲醛、苯、TVOC等有害气体的特点，达到净化室内空气的效果
11	银皇后		银皇后非常适合摆放在通风条件不佳的阴暗房间，它可去除空气中的尼古丁和甲醛

第四节　能净化空气的材料

由装饰施工所造成的环境污染，可以利用多种吸附性材料，去除室内空气中低浓度的苯系物、甲醛、二氧化硫、挥发性有机化合物、氡气等气态污染物。

吸附净化法是一种物理吸附方法，利用固体或液体吸附剂处理气体混合物，使气体混合物中所含的一种或数种组分吸附于吸附剂中，从而达到分离和净化的目的。物理吸附净化方法操作方便、设备简单、净化效率较高。

一、吸附净化

物理吸附过程极快，对气体没有选择性，可吸附一切气体，吸附过程为低放热反应过程。普通活性炭对室内气体的吸附多属于物理吸附，它几乎能够吸附室内所有的气体。但是仅有物理吸附时，在温度、压力等条件变化时，容易产生脱附而造成二次污染。化学吸附是利用吸附剂表面与吸附分子之间的化学反应所造成，具有在低浓度下的吸附容量大、吸附稳定不易脱附等优点。通过表面化学改性，可变物理吸附为化学吸附，增加多孔炭材料的吸附能力。

二、吸附剂

吸附剂能有效从气体或液体中吸附其中某些成分的固体物质，吸附剂主要品种见表9-2。

表9-2　吸附剂主要品种

序号	吸附剂名称	图例	净化功能
1	竹炭		竹炭的主要原料是高山毛竹，经过高温烧制而成。竹炭分子结构呈六角形，质地坚硬，细密多孔，吸附力强，具有吸附功能。能有效地吸附空气中一部分浮游物质，对硫化物、氢化物、甲醇、苯、酚等有害化学物质起到吸附、分解异味和消臭作用
2	活性炭		活性炭是一种黑色多孔固体炭质，是由含炭为主的物质作原料，经高温碳化和活化制得的疏水性吸附剂，活性炭含有大量微孔，具有巨大的比表面积，能有效去除色度、臭味与空气中大多数有机污染物、部分无机物，包含部分有毒的重金属
3	活性炭纤维		活性炭纤维是经过活化的含碳纤维，以其速度快、吸附容量大、透气性良好、空气阻力小、形态多样等优越性能而得到广泛应用。活性炭纤维久用之后，微孔会被填满，致使吸附能力有所下降，只需进行一段时间的晾晒，此时活性炭纤维的吸附功能即可复原，重复使用
4	膨润土		膨润土是以蒙脱石为主矿物成分的含水蒙古土矿物，膨润土具有优良的吸附性能和离子交换性能，并且具有来源丰富、价格低廉等特点，广泛用于室内污染防治领域
5	硅藻土		硅藻土是一种硅质岩石，通常呈浅黄色或浅灰色，由于其具有空隙率高、耐磨、耐酸、吸附性强、热导性低等优良性能，常用来作为保温材料、过滤材料等
6	坡缕石		坡缕石是一种具链层状结构的含水富镁硅酸盐黏土矿物，加工后的坡缕石黏土制品是较为理想的吸附剂，可取代活性炭，可除臭除味与金属离子

第五节 污染净化设备与方法

空气净化设备种类丰富，如空气过滤器、空气净化器等。空气过滤器是采用上节中介绍的能吸附净化空气的材料来过滤受到污染的空气，而空气净化器不仅有过滤功能，还能够吸附、分解、转化各种空气污染，有效提高空气清洁度的产品。

一、空气过滤器

空气过滤器是一种空气过滤装置，主要有板式空气过滤器与折褶形空气过滤器两种。

板式空气过滤器框架采用铝合金或优质木板，具有重量较轻、结构简单、更换方便等优点，其进出风面均有金属网保护层。无隔板过滤器具有滤料选择面广、有效面积大、阻力比较低、寿命比较长、体积比较小、结构紧凑等特点（图9-6）。

折褶形空气过滤器的滤料采用人字形或平面形结构，这种结构有利于增大气流与滤料的接触面积，以增加有效过滤面积和降低过滤风速。滤料装在两排圆钢支撑体内，这两排钢支撑组成间隔，使间隔牢固不变（图9-7）。

空气过滤器与空气净化器中用于包裹承载过滤材料，包装物一般为无纺布和PVC承载框架，这些材料中可能含有甲醛、苯等有害成分，在使用前一定要在太阳高温下暴晒1周，否则会加剧空气中甲醛、苯等有害成分的污染，仅仅只能过滤PM2.5等颗粒物。

二、空气净化器

空气净化器的功能是去除空气中的恶臭、有毒化学品及有毒气体，后来发展成不仅能够去除以上物质，并且还能够净化空气、去除空气中的细菌、病毒、灰尘、花粉、霉菌孢子等物质（图9-8）。

空气净化器一般多见以下三类（表9-3）。

图9-6 板式
板式空气过滤器最突出的特点是滤料面积大、阻力小。

图9-7 折褶式
袋式空气过滤器一端是全封闭式，与之相对的一端用顶部平板或框架密封住。这样能增加过滤有效面积且减少过滤风速和压力损失。

图9-8 空气净化器
空气净化器的外形现在也越来越美观，不仅实用还拥有观赏价，查看性能参数是一种挑选净化器的最简单方法。

表9-3　空气净化器类型

序号	型号	类别
1	G型	过滤型空气净化器
2	J型	静电型空气净化器
3	F型	混合型空气净化器

1. 参考CADR数值

过滤型空气净化器在购买时主要需要参考的就是CADR数值，CADR所代表的意思就是洁净空气输出率，也就是产生洁净空气的能力，CADR数值越高说明净化器的净化效能越高。要想使室内空气质量达到一定的洁净标准就要保证室内空气达到一定换气次数，且一次净化效率要高。

2. 看滤网结构、材料和面积

过滤型空气净化器，主要将有害物质留在滤网上来实现空气净化。工作原理是用风机将空气抽入机器，通过内置的滤网过滤空气，能够起到过滤粉尘、异味、有毒气体和杀灭部分细菌的作用（图9-9）。

三、新风系统

新风系统分为管道新风系统和无管道新风系统。管道新风系统由新风机和管道配件组成，通过新风机净化室外空气导入室内，通过管道将室内空气排出；无管道新风系统由新风机组成，同样由新风机净化室外空气导入室内。

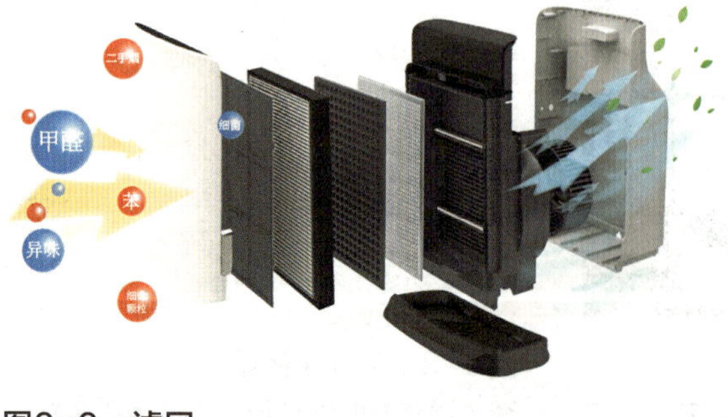

图9-9　滤网
滤网的面积代表着可以容纳多少PM2.5颗粒，也就是容尘量。容尘量如果低，意味着滤网很快吸饱了灰霾，不仅不能净化空气，还可能带来二次污染。

管道式新风系统安装工程量大，适合工业或大面积办公区使用。无管道新风系统因为安装方便，适合住宅使用。新风系统因为送风方式的不同主要有以下两种。

1. 单向流新风系统

单向流新风系统由风机、进风口、排风口与各种管道接头组成。安装在装饰构造吊顶内的风机通过管道与一系列的排风口相连。风机启动，室内混浊的空气经安装在室内的吸风口排出室外，在室内形成几个有效的负压区，室外新鲜空气由安装在窗框上方的进风口不断向室内补充，从而让室内一直保持高品质新鲜空气（图9-10）。

2. 地送风系统

地送风系统是从地板或墙底部送风口向室内送入冷风，并在地板表面高度扩散开来，形成有组织的气流组织，在热源周围形成浮力尾流带走热量。由于风速较低，气流平缓，没有大的涡流，室内工作区空气温度稳定。由热源产生向上的气流带走热负荷与污浊空气，通过设在顶部的排风口排出（图9-11）。

图9-10　单向流新风系统
单向流新风系统不需要送风管道的连接，安装方便。

四、光催化

光催化净化技术是一种新型复合纳米技术。光催化剂纳米粒子在一定波长光线照射下，受激生成电子空穴对，空穴分解催化剂表面吸附的水产生氢氧自由基，电子使其周围的氧还原成活性离子氧，从而具备极强的氧化还原作用，将光催化剂表面的各种污染物摧毁。

光触媒能有效地降解甲醛、苯、甲苯、二甲苯、氨、TVOC等污染物，并具有高效广泛的消毒性能，能将细菌或真菌释放出的毒素分解及无害化处理。光触媒在光的照射下可以持续不断的净化污染物，具有时间持久、持续作用的优点（图9-12）。

五、臭氧消毒

臭氧是广谱、高效、快速杀菌剂，在一定的浓度下，臭氧可迅速杀灭水和空气中使任何生物致病的各种病菌和微生物，其灭菌速度是氯的2倍以上。臭氧杀菌后还原成氧，无任何残留和二次污染，其他化学制剂都无法做到这一点，所以它被称为绿色环保制剂。臭氧用于水消毒的弥散性好，消毒效果甚佳，可以100%杀灭水中细菌（图9-13）。

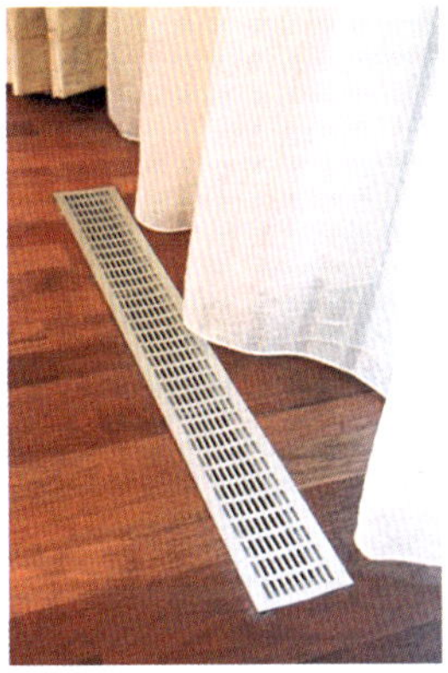

图9-11　地送风系统

底部风口送出的新风，余热及污染物在浮力及气流组织的驱动力作用下向上运动，所以地送风新风系统能在室内空间提供良好的空气品质。

图9-12　光触媒

原始光触媒是单质粉末状，而进入市场大多是混合液态状的，通过压力容器喷射出来。

图9-13　臭氧消毒机

臭氧能氧化分解细菌内部葡萄糖所需的酶，使细菌死亡。它通过与引起臭味和腐败味的氨、硫化氢、甲硫醇等发生化学反应，将它们氧化分解为无毒、无臭的物质，从而达到去除臭味和其他异味的效果。

第六节　室内空气检测仪器

以往室内环境检测都由专业检测企业来做，但是如今检测仪器价格逐步降低，个人也能购置检测仪，随时检测室内空气质量。

一、甲醛检测仪

甲醛检测仪具有结构简单、携带方便、体积较小的特点，主要适用于各种室内空间甲醛检测。除了手提式甲醛检测仪还有手持式甲醛检测仪，可以连续检测甲醛的手持仪表（图9-14、图9-15），适用于环境监测、工业生产、化工等有甲醛的室内空间。

二、苯系物检测仪

室内空气苯系物检测仪是一种便携式现场苯系物定量测定仪器，广泛应用于各种场合室内的苯系物定量测定（图9-16）。

三、一氧化碳检测仪

一氧化碳检测仪能够持续性的检测出有毒气体，并且观察气体的浓度值。泵吸式一氧化碳检测仪是能灵活配置的单种气体或多种气体检测报警仪，它可以配备氧气传感器、可燃气体传感器、有毒气体传感器（图9-17）。

四、氨气检测仪

氨气检测仪检测到室内氨气浓度超过预置报警位置时，就会发出报警信号及声光。氨气检测仪的防水性能较强。它带有内置式防震护套与不锈钢鳄鱼夹。有超高声音警报、闪烁的LED光柱和内置式振动器可发出危险警报（图9-18）。

五、臭氧检测仪

臭氧检测仪的工作原理是紫外线吸收，臭氧检测仪主要由低压紫外灯、光波过滤器、入射紫外光反射器、臭氧吸收池、样品光电传感器、采样光电传感器、输出显示、电路等部件构成（图9-19）。

六、空气测试仪器使用方法

这里介绍两种常见的空气测试仪器的使用方法，可以根据生活、工作环境需要购买，这类设备的研发、生产技术如今已经很成熟了，选择专业厂商生产的产品即可。

图9-14　手提式甲醛检测仪
手提式甲醛检测仪主要为专业检测企业所使用，检测数据更直观。

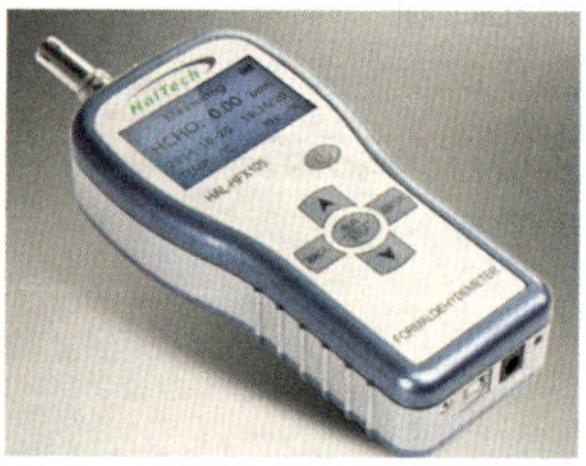

图9-15　手持式甲醛检测仪
手持式甲醛检测仪价格便宜、使用方便、使用范围广。

图9-16　苯系物检测仪
苯系物检测仪能快速显色，直接显示出被测样品中的浓度，可现场定量测定气体中苯系物。

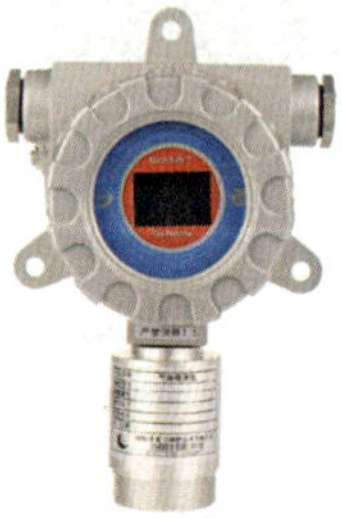

图9-17　一氧化碳检测仪
一氧化碳检测仪广泛用于石油、化工、造纸、消防、市政、食品、纺织等行业。

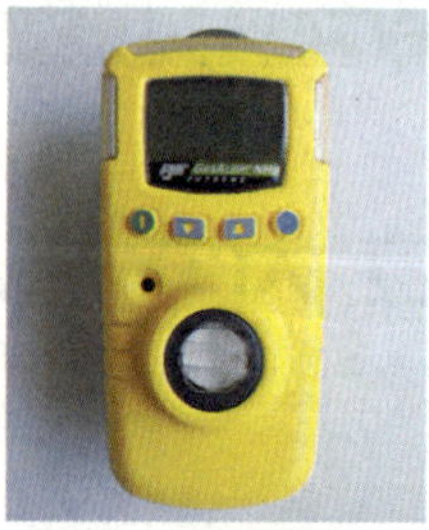

图9-18　氨气检测仪
氨气检测仪的检测原理一般包括电化学或半导体原理传感器。

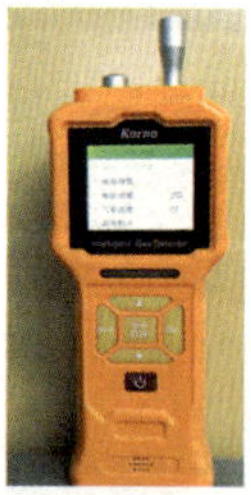

图9-19　臭氧检测仪
臭氧检测仪主要适用于住宅空间、办公空间、工厂等区域臭氧的检测。

1. 空气质量测试仪

空气质量测试仪适合居家、办公、生产等多数场所使用的的多功能空气质量测试仪，是当今装饰施工结束后检测的必备设备。不仅装饰企业会配备，一般家庭也会购买。可以根据需要选择不同功能，如常见的甲醛、TVOC、PM2.5三合一测试仪，如果希望测设更多数据，可以选择十合一的多功能产品（图9-20）。

2. 可燃烧气体测试仪

可燃烧气体测试仪适合厨房、卫生间等场所使用的可燃烧气体测试仪，适用于安装了燃气管道、灶具、热水器、锅炉的室内空间，时刻要关注燃气管道与设备是否存在泄漏。可以根据需要选择相关产品（图9-21）。

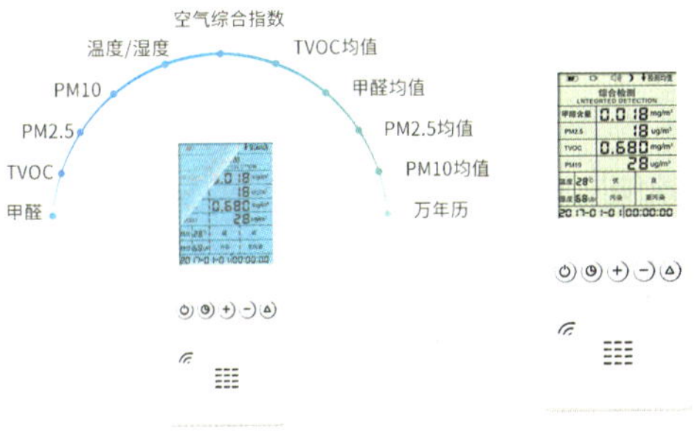

图9-20 多用能空气质量测试仪
使用前要先充电，多数仪器开机会出现2~3min预热过程。将检测仪置于通风处或空气质量较好处，校正标定为新鲜健康空气后即可正常使用。处于室内环境中均衡5~10min，取平均数值即可得到空气质量参数。

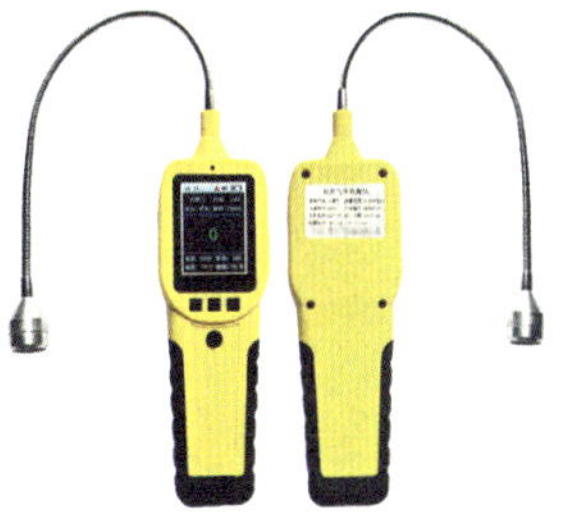

图9-21 可燃烧气体测试仪
使用前先充电，部分仪器开机会出现1~2min启动过程，将检测仪检测探头先置于通风处或空气质量较好处，调整旋钮或按钮设置为无报警音的临界点，即无报警音与有报警音之间，且设备不发音，这时即可正常使用。将检测软管上的探头放在燃气管道和设备之间的接口处检测，也可以移动检测管道沿线或设备周边。发出高低不同频率的报警音表述泄漏量大小不同。

本章小结

影响室内空气污染的不仅是室内装饰所采用的材料，包括外部环境也会影响室内的空气质量。室外空气污染经过建筑物的缝隙进入室内，能大大降低室内空气的品质。室外空气污染对室内空气品质的影响与建筑层数相关，离地面越高，室内污染程度越低。而当室外污染物浓度超过室内控制指标，引人新风不仅不能稀释室内污染物，还将恶化室内空气品质。

★课后练习

1. 装饰施工污染特性是什么？
2. 控制室内空气污染有哪些方法？
3. 能净化空气的植物有哪些？
4. 能净化空气的材料有哪些？
5. 新风系统工作原理是什么？
6. 上网搜索2~3种空气质量测试仪，根据实际情况与需要购买，测试室内空气质量。
7. 党政机关、学校、医院等建筑室内空间装修完毕后，如何在最短的时间内清除毒害物质，投入使用？

参考文献

[1] 中华人民共和国国家质量监督检验检疫总局. GB/T 18883—2022室内空气质量标准. [S]. 北京: 中国标准出版社, 2022: 7.
[2] 中华人民共和国住房和城乡建设部. GB 50325—2020民用建筑工程室内环境污染控制标准[S]. 北京: 中国计划出版社, 2020: 1.
[3] 安素琴. 建筑装饰材料识别与选购[M]. 北京: 中国建筑工业出版社. 2010.
[4] 康超. 室内装饰装修材料应用与选购[M]. 北京: 机械工业出版社. 2014.
[5] 吝杰, 郭清芳, 等. 建筑与装饰材料[M]. 南京: 南京大学出版社. 2016.
[6] 杨东江, 杨宇. 装饰材料设计与应用[M]. 沈阳: 辽宁美术出版社. 2015.
[7] 张乘风. 家庭装饰装修材料选购[M]. 北京: 中国计划出版社. 2009.
[8] 沈春林. 新型建筑涂料产品手册[M]. 北京: 化学工业出版社. 2005.
[9] 何延树. 混凝土外加剂[M]. 西安: 陕西科学技术出版社. 2005.
[10] 宋广生. 装饰装修材料污染检测与控制[M]. 北京: 化学工业出版社. 2006.
[11] 张毅. 装饰装修工程施工禁忌[M]. 北京: 中国建筑工业出版社. 2011.
[12] 崔九思. 室内环境检测仪器及应用技术[M]. 北京: 化学工业出版社. 2004.
[13] 伊拉莎白 · 伯考. 软装布艺搭配手册[M]. 童城, 译. 南京: 江苏科学技术出版社. 2014.
[14] 卡任 · 克也茨, 惹尼 · 伯. 家居布艺大全[M]. 何大明等译. 郑州: 河南科学技术出版社. 2002.
[15] 芬南吉尔. 布艺样的家——节日家居布艺[M]. 王西敏, 毛杰森, 译. 郑州: 河南科学技术出版社. 2009.